国家示范性中等职业技术教育精品教材

塑料模具制造项目教程

主　编　黄　富

副主编　屈永生　贾　方

参　编　李海芳　周晓龙　黄斌聪

华南理工大学出版社

SOUTH CHINA UNIVERSITY OF TECHNOLOGY PRESS

·广州·

图书在版编目(CIP)数据

塑料模具制造项目教程/黄富主编. —广州:华南理工大学出版社,2015.8
(国家示范性中等职业技术教育精品教材)
ISBN 978-7-5623-4719-4

Ⅰ.①塑… Ⅱ.①黄… Ⅲ.①塑料模具-制模工艺-中等专业学校-教材
Ⅳ.①TQ320.5

中国版本图书馆 CIP 数据核字(2015)第 176952 号

SULIAO MUJU ZHIZAO XIANGMU JIAOCHENG
塑料模具制造项目教程
黄 富 主编

出 版 人:韩中伟
出版发行:华南理工大学出版社
(广州五山华南理工大学 17 号楼,邮编 510640)
http://www.scutpress.com.cn E-mail:scutc13@scut.edu.cn
营销部电话:020-87113487 87111048(传真)
责任编辑:刘 锋 庄 彦
印 刷 者:广州市怡升印刷有限公司
开 本:787mm×1092mm 1/16 印张:13.75 字数:344 千
版 次:2015 年 8 月第 1 版 2015 年 8 月第 1 次印刷
定 价:35.00 元

前　言

塑料模具制造项目教程是模具制造、机械加工专业和机械类专业重要主干课程。学生在实训过程中通过独立进行塑料模具设计与加工，将机械加工的基本知识、加工手段和工艺方法有机地结合起来，并以产品的形式呈现出学习成果。它不仅是理论知识与实践能力相结合的过程，更是教学与生产的结合；更重要的是在培养学生敏锐的直觉能力、创造性思维方法、人格及树立劳动观念上都起着十分重要的作用。

本书以常见注塑模具的设计与加工为例，本着"通俗、实用、可操作"的编写原则，按照由易到难、简单到复杂的顺序进行编写。同时遵循中等职业院校学生的认知规律，紧密结合广东省职业技能考核要求，在编写中，多次邀请具有丰富教学和工厂实践经验的专家指导，并结合作者在机械加工、模具制造方面多年的教学与工作经验编写，紧密结合工作岗位，与职业岗位对接。

本书共分三个项目，项目一是二次顶出典型模具加工，分六大任务，详细介绍二次顶出模具的设计、加工和装配的整个过程及各任务的评价办法；项目二是斜导柱模具加工，分三大任务，描述斜导柱模具加工生产过程；项目三是细水口模具加工，描述细水口模具的设计生产过程。

本书从培养模具制造技能专业人才的角度出发，坚持以就业为导向，以职业能力的培养为核心的原则。在实训内容的安排上，以项目为驱动，体现实际生产过程，突出实用性和可操作性，强化实践动手能力，将必要的专业理论知识融合贯穿于技能实训过程。让学生在实训过程中，潜移默化地掌握模具制造的基础知识和加工工艺。通过技能实训，培养学生不仅具有一定的理论基础，更具有过硬的技能、健全的心理和较强的岗位适应能力，促进学生养成规范职业行为；并将创新理念贯彻到内容选取、教材体例等方面，以满足发展为中心，培养学生创新能力和自学能力。

本书除了大量设计项目实训和应用案例，每个项目模块都能覆盖本课程的知识点，使抽象、难懂的教学内容变得直观、易懂和容易掌握外，还充分利用互联网资源、本课程网站资源，在网上开展教学活动，包括网络课程学习、自主学习、课后复习、课件下载、专题讨论、网上答疑等，使学生可以不受时间、地点的限制，方便地进行学习。

本书由黄富主编和统稿，屈永生、贾方、周晓龙、李海芳、黄斌聪参与编写。在编写过程中，东莞理工学校、深圳润品科技有限公司、东莞市高技能公共实训中心、东莞市职业技能鉴定指导中心、东莞市高级技工学校及东莞模具制造相关企业也给予大力支持，在此一并表示衷心的感谢。本书适合中高职院校模具、数控类专业学生的塑料模具制造和国家职业技能鉴定实操考核及培训使用。

限于编者的水平，书中难免有错误和不妥之处，恳请广大读者批评指正。

编　者

目 录

项目一 二次顶出模具加工 …… 1

任务一 顶针底板加工 …………… 15

1.1.1 任务描述 ……………… 15
1.1.2 任务准备 ……………… 16
1.1.3 计划与实施 …………… 21
1.1.4 评价反馈 ……………… 28
1.1.5 任务拓展 ……………… 30

任务二 模脚加工 ……………… 32

1.2.1 任务描述 ……………… 32
1.2.2 任务准备 ……………… 33
1.2.3 计划与实施 …………… 36
1.2.4 评价反馈 ……………… 39
1.2.5 任务拓展 ……………… 41

任务三 动模板加工 …………… 46

1.3.1 任务描述 ……………… 46
1.3.2 任务准备 ……………… 47
1.3.3 计划与实施 …………… 52
1.3.4 评价反馈 ……………… 57
1.3.5 任务拓展 ……………… 59

任务四 导柱加工 ……………… 63

1.4.1 任务描述 ……………… 63
1.4.2 任务准备 ……………… 64
1.4.3 计划与实施 …………… 66
1.4.4 评价反馈 ……………… 70
1.4.5 任务拓展 ……………… 72

任务五 导套加工 ……………… 75

1.5.1 任务描述 ……………… 75
1.5.2 任务准备 ……………… 76
1.5.3 计划与实施 …………… 78
1.5.4 评价反馈 ……………… 81
1.5.5 任务拓展 ……………… 82

任务六 型芯加工 ……………… 86

1.6.1 任务描述 ……………… 86
1.6.2 任务准备 ……………… 87
1.6.3 计划与实施 …………… 90
1.6.4 评价反馈 ……………… 94
1.6.5 任务拓展 ……………… 96

任务七 型腔加工 ……………… 98

1.7.1 任务描述 ……………… 98
1.7.2 任务准备 ……………… 99
1.7.3 计划与实施 …………… 103
1.7.4 评价反馈 ……………… 106
1.7.5 任务拓展 ……………… 109

项目二 斜导柱模具加工 …… 111

任务一 滑块加工 ……………… 126

2.1.1 任务描述 ……………… 126
2.1.2 任务准备 ……………… 127
2.1.3 计划与实施 …………… 129
2.1.4 评价反馈 ……………… 133
2.1.5 任务拓展 ……………… 135

目 录

任务二 动模板加工 …………… 145

2.2.1 任务描述 ……………… 145
2.2.2 任务准备 ……………… 146
2.2.3 计划与实施 …………… 149
2.2.4 评价反馈 ……………… 155
2.2.5 任务拓展 ……………… 158

任务三 斜导柱加工 …………… 168

2.3.1 任务描述 ……………… 168
2.3.2 任务准备 ……………… 169
2.3.3 计划与实施 …………… 170
2.3.4 评价反馈 ……………… 173

项目三 细水口模具加工 …… 175

任务一 动模板加工 …………… 189
任务二 型腔(A 板)加工 ……… 192
任务三 定模面板加工 ………… 195
任务四 动模底板加工 ………… 198
任务五 顶针底板加工 ………… 200
任务六 顶针板加工 …………… 202
任务七 型芯加工 ……………… 204
任务八 水口板加工 …………… 207
任务九 模脚 01 加工 ………… 209
任务十 模脚 02 加工 ………… 211

参考文献 ……………………… 213

项目一

二次顶出模具加工

一、二次顶出模具结构

图 1－1 所示为二次顶出模具的装配图，请参照此图及实物模型，识别各个模具零件，并确定各零件的材质、功用与数量，把结果填入二次顶出模具零件列表(表 1－1)中。

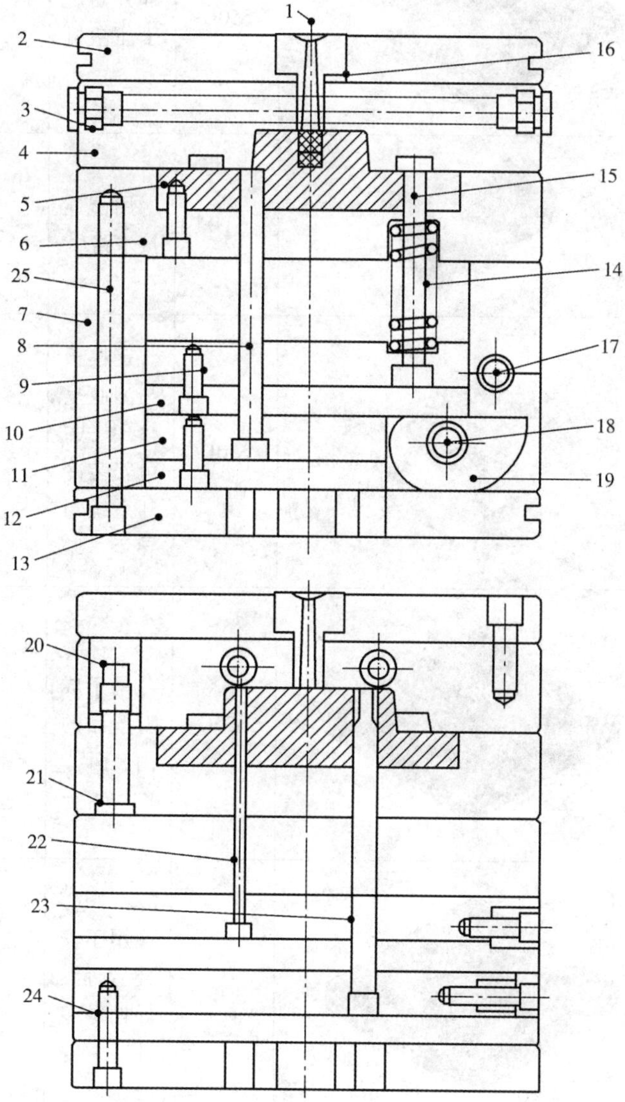

图 1－1　二次顶出模具装配图

表 1－1　二次顶出模具零件列表

零件编号	零件名称	3D 图	材质	零件功用	数量	备　注
1	产品	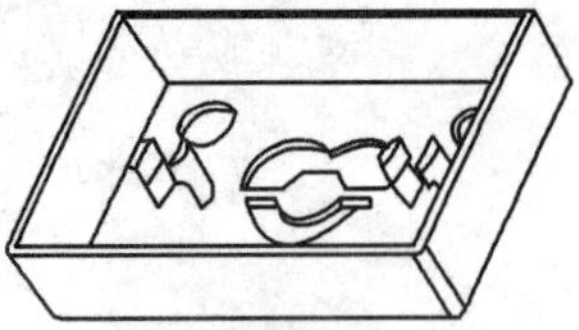	LDPE		1	根据产品及塑料收缩率，形成型腔
2	定模面板		S50C	把定模部分固定于注塑机上	1	侧面开设码模槽
3	快速接头	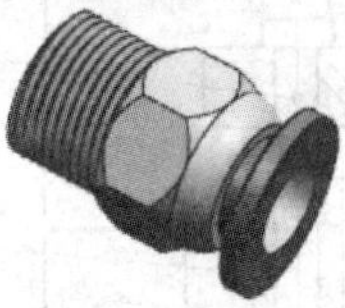	STD	用于连接水路	4	
4	定模板（A 板）	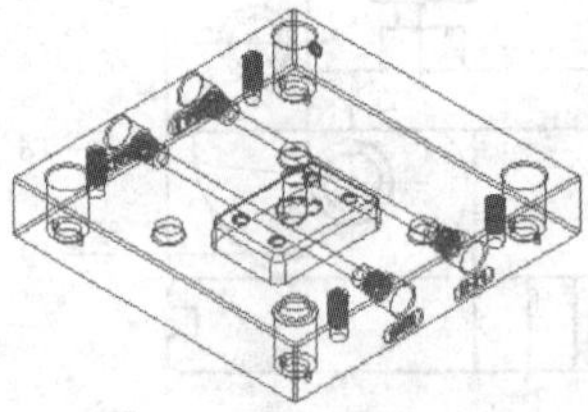	S50C	定模板与型腔呈整体式，可安装冷却系统与导套	1	
5	型芯	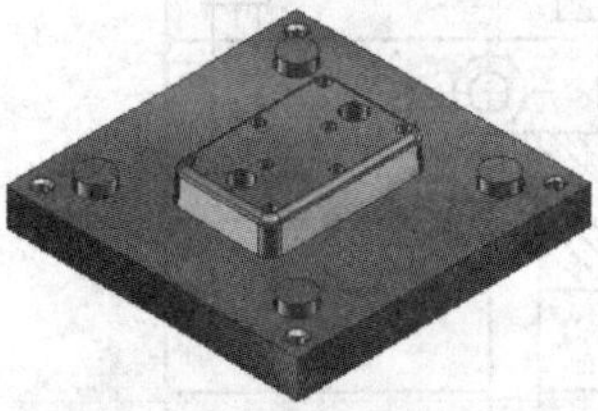	S50C	用于成型产品的内表面	1	
6	动模板（B 板）	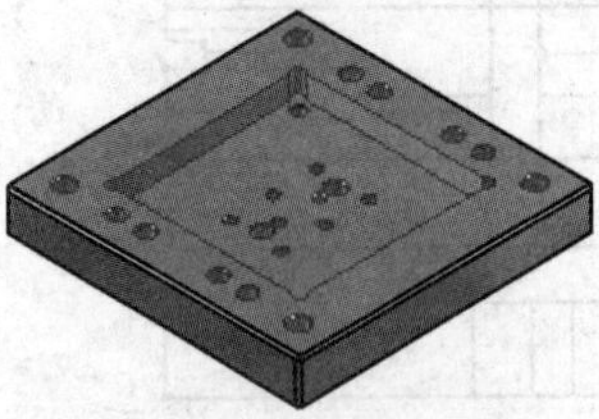	S50C	用于安装型腔、导柱等零件	1	

续表 1－1

零件编号	零件名称	3D 图	材质	零件功用	数量	备 注
7	模脚	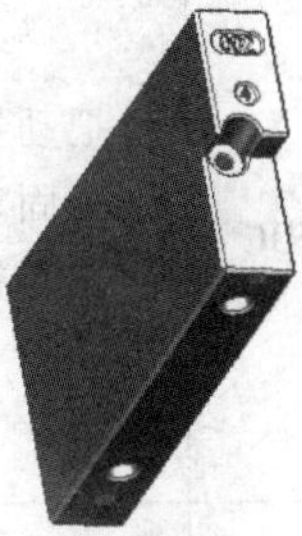	S50C	支撑动模板，产生一个空间，放置顶出系统	2	
8	二次顶出复位杆		45#钢	使二次顶出系统先复位	4	
9	顶针固定板	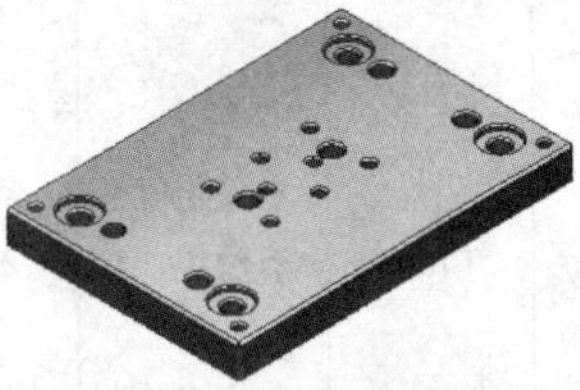	S50C	两板共同作用，用于固定顶针、复位杆等零件	1	
10	顶针底板		S50C		1	
11	二次顶出顶针固定板		S50C	两板共同作用，用于固定二次顶出系统零件	1	
12	二次顶出顶针底板		S50C		1	

续表 1－1

零件编号	零件名称	3D 图	材质	零件功用	数量	备　注
13	动模底板	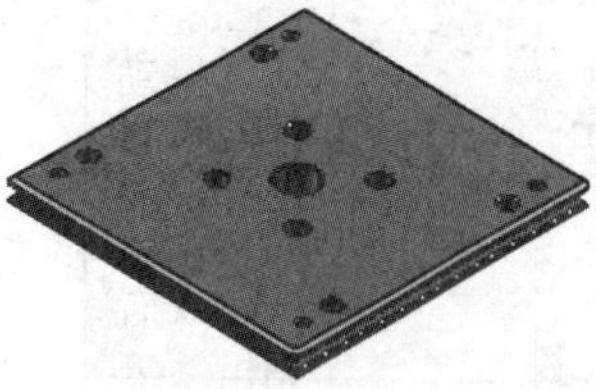	S50C	把动模部分固定于注塑机上	1	
14	浇口套	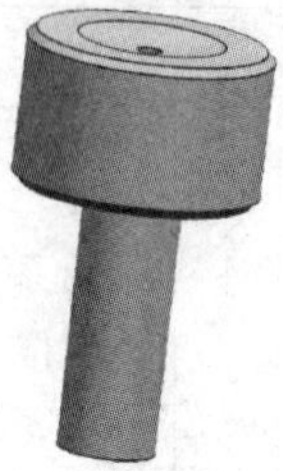	S45C	作为浇注系统的主流道	1	便于更换和维修
15	复位杆		T10A	使顶出系统先复位	4	
16	复位弹簧	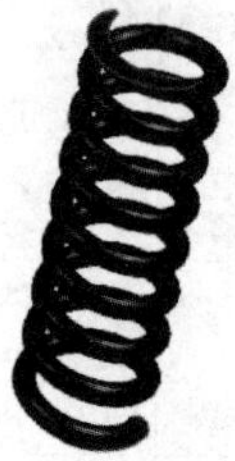	65Mn	使顶出系统先复位	4	其压缩长度不能超过其最大压缩量，一般要求是自由长度的40%
17	定位轴		S50C	对摆块起限位推动作用	2	用内六角螺丝固定于模脚上

续表 1-1

零件编号	零件名称	3D 图	材质	零件功用	数量	备　注
18	摆块定位轴		S50C	把摆块固定于二次顶出顶针固定板	2	用内六角螺丝固定于二次顶出顶针固定板上
19	摆块		S50C	使顶出系统完成二次顶出运动	2	
20	导套		45#	与导柱配合对模具的合模进行导向	4	
21	导柱	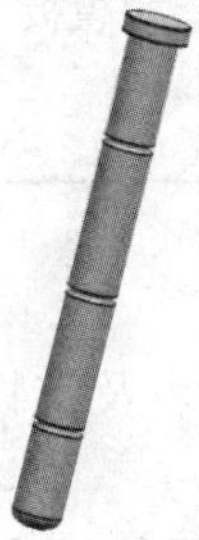	GCr15	对定模板和动模部分进行导向	4	
22	顶针		SKD61	顶出产品	8	一般使用顶杆顶出，在产品上会存在顶出痕迹

续表 1－1

零件编号	零件名称	3D 图	材质	零件功用	数量	备　注
23	成型顶针		SKD61	在合模注塑时可作为模芯，开模时顶出产品	2	
24	短内六角螺丝	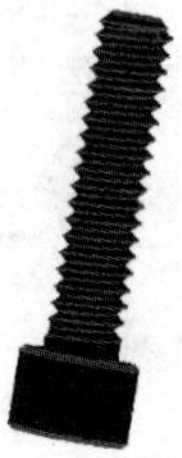	45#	连接各模板	24	根据设计图使用不同规格的内六角螺丝连接模板
25	动模板固定螺钉		45#	连接动模座板、模脚和动模板	4	

二、二次顶出模具工作原理

参照二次顶出模具装配图（图 1－1 所示）、零件列表及实物模型，分析二次顶出模具的工作原理，把分析结果写入下方横线中。

模具在注塑机上合模，融溶状态的塑料在注射装置的压力下，经浇口套⑭充满模腔（型芯⑤与型腔④合并形成的空腔）。保压冷却后，模具定模部分保持不动，动模部分在注塑机运动装置作用下向后移动，模具分模。模具动模部分向后移动一段距离后，注塑机的顶出棒通过动模底板⑬的底孔与二次顶出顶针底板⑫接触，推动整个顶出系统相对模具动模部分向前运动，使产品①脱离型芯④。顶出系统前移一段距离后，摆块⑲与定位轴⑰相碰，在定位轴⑰的作用下，摆块⑲绕摆块定位轴⑱转动，推动顶针底板⑩和顶针固定板⑨与二次顶出顶针固定板⑪分离前移，使产品①在顶针㉒的推动下强行脱离成型顶针㉓，完成模具落料。若顶出系统不做两次顶出设计，因模具中成型顶针㉓及其成型孔的限制，产品①将无法从型芯中完整脱出，从而报废。

三、二次顶出模具装配说明

完成二次顶出模具的各零件加工后，请参照二次顶出模具装配图（如图 1－1 所示）及表 1－2 所示的装配流程表，完成模具的装配。

表 1－2　二次顶出模具装配流程表

序号	零件编号	零件名称	实物图	使用工具	备　注
1	6	动模板（B 板）	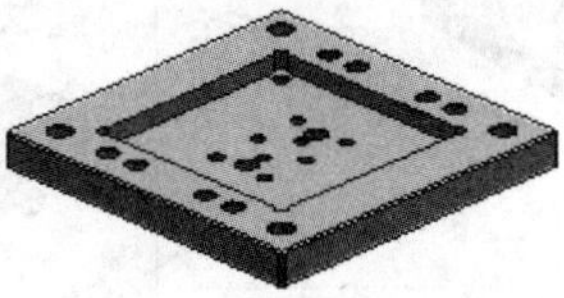	手工	取出动模板准备装配
2	21	导柱		铜棒	使用铜棒将导柱敲入动模板 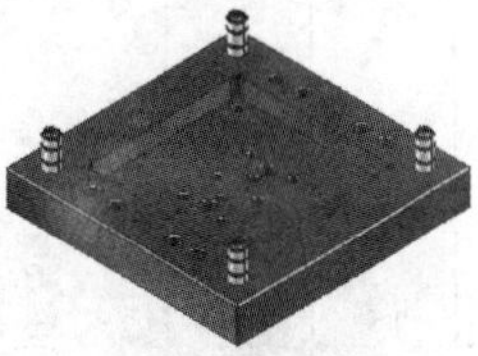
3	5	型芯	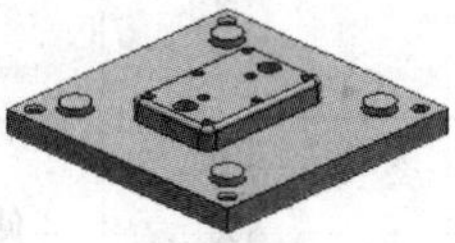	胶锤或铜棒	把型芯装入动模板 
4	24	内六角螺丝		内六角扳手、套筒	使用内六角扳手把螺钉拧入型芯 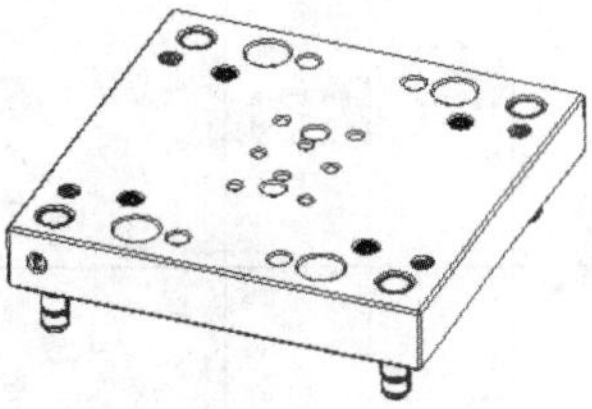
5	16	复位弹簧	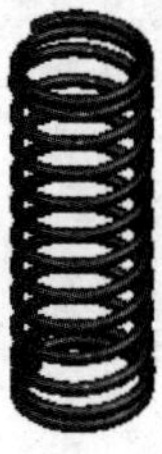	手工	把复位弹簧放入合适的位置 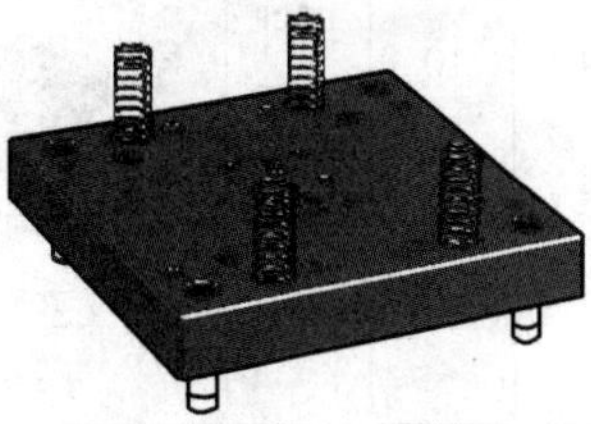

续表 1-2

序号	零件编号	零件名称	实物图	使用工具	备　注
6	9	顶针固定板		手工	把顶针固定板放置于复位弹簧上 
7	15	复位杆		铜棒	使用铜棒把复位杆敲入顶针固定板 
8	22	顶针		铜棒	使用铜棒把顶针敲入顶针固定板 
9	10	顶针底板		手工	把顶针底板放置到合适位置 

续表 1－2

序号	零件编号	零件名称	实物图	使用工具	备　注
10	24	内六角螺丝		内六角扳手、套筒	用内六角螺丝连接顶针底板与顶针固定板 
11	11	二次顶出顶针固定板		手工	把二次顶出顶针固定板取出准备
12	19	摆块		手工	把摆块固定在二次顶出顶针固定板上 
13	18	摆块定位轴		手工	把摆块定位轴装入摆块 
14	24	内六角螺丝		内六角扳手、套筒	用内六角螺丝连接摆块定位轴、摆块与二次顶出顶针固定板 

续表 1－2

序号	零件编号	零件名称	实物图	使用工具	备　注
15				手工	把步骤 10 完成的组件与步骤 14 完成的组件装配
16	8	二次顶出复位杆		铜棒	使用铜棒把二次顶出复位杆敲入二次顶出顶针固定板 
17	23	成型顶针		铜棒	使用铜棒把成型顶针敲入二次顶出顶针固定板 
18	12	二次顶出顶针底板		手工	把顶针底板放置到合适位置 

续表 1－2

序号	零件编号	零件名称	实物图	使用工具	备　注
19	24	内六角螺丝		内六角扳手、套筒	
20	7	模脚	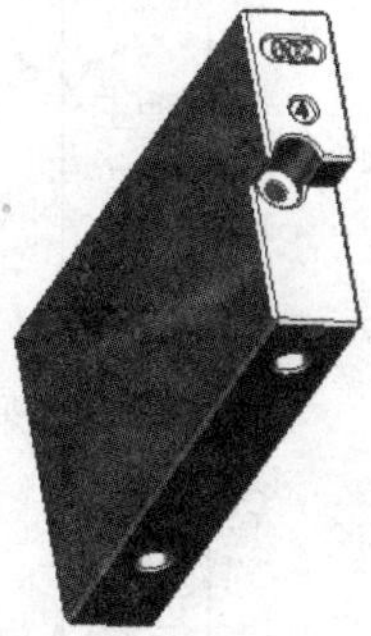	手工	取出模脚准备装配
21	17	定位轴		内六角扳手、套筒	用内六角螺丝把定位轴固定在模脚上 
22	13	动模座板	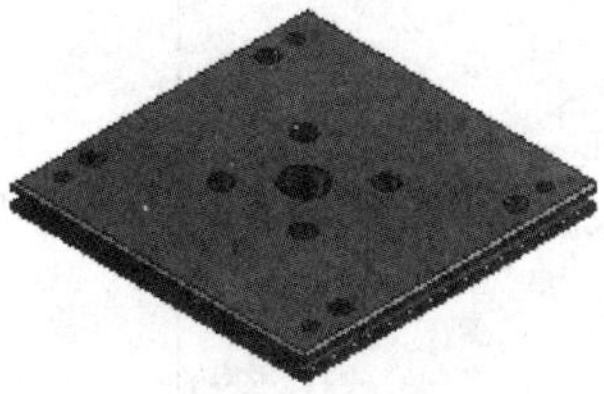	手工	把动模座板放到模脚的合适位置 

续表 1－2

序号	零件编号	零件名称	实物图	使用工具	备　注
23	24	内六角螺丝		内六角扳手、套筒	使用内六角扳手把螺钉旋入动模座板和模脚 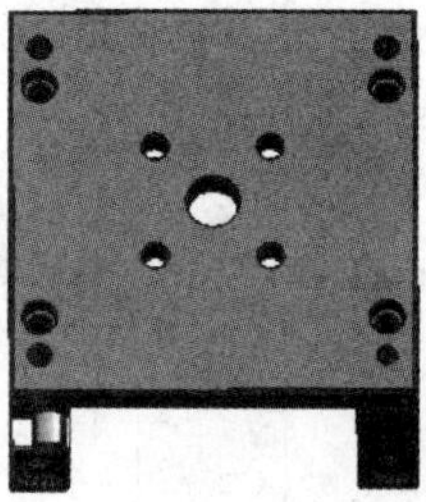
24	—	—	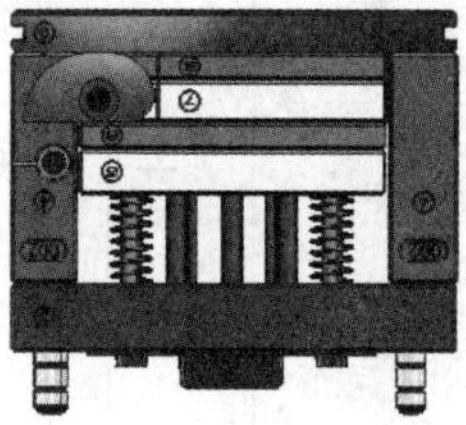	手工（吊环、通用手柄、钢丝绳、行车）	把步骤 19 完成的组装件和步骤 23 完成的组装件进行装配
25	25	动模板固定螺钉		内六角扳手、套筒	把螺钉拧入动模板 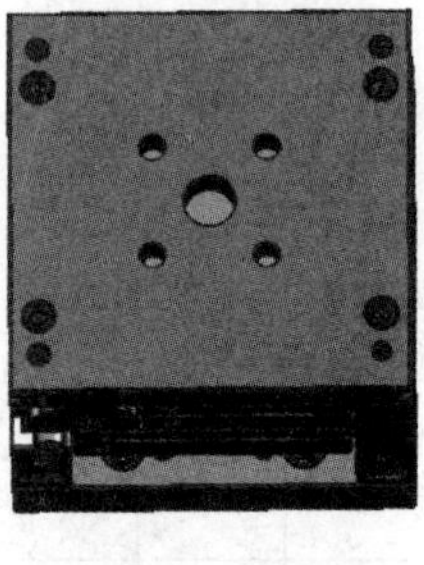
26	4	定模板（A板）	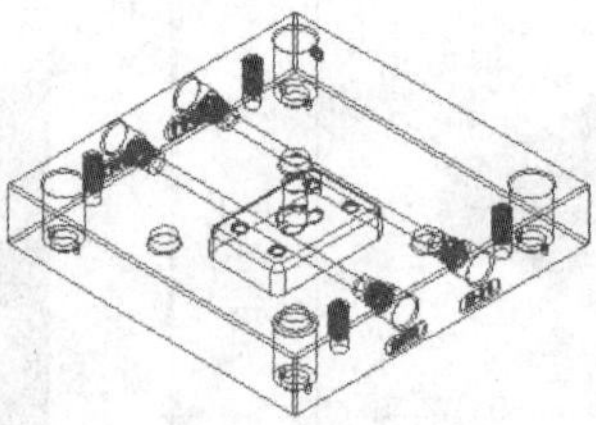	手工	取出定模板准备装配

续表 1－2

序号	零件编号	零件名称	实物图	使用工具	备　注
27	20	导套		铜棒	使用铜棒把导套敲入定模板 
28	3	快速接头	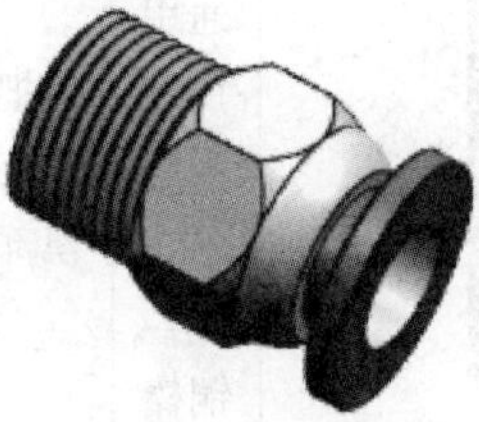	活动扳手	把快速接头拧入定模板冷却水道 
29	2	定模面板		手工	把定模面板放置在定模板的合适位置 
30	14	浇口套	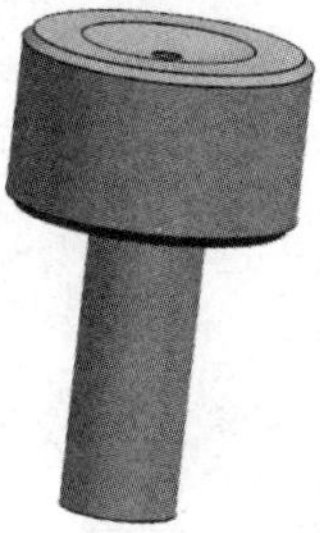	铜棒	把浇口套敲入定模座板 

续表 1-2

序号	零件编号	零件名称	实物图	使用工具	备　注
31	24	内六角螺丝		内六角扳手	用内六角螺丝连接定模板与定模面板 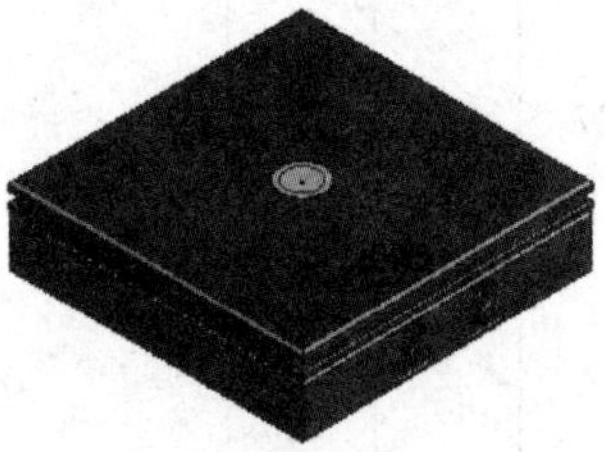
32	—	—	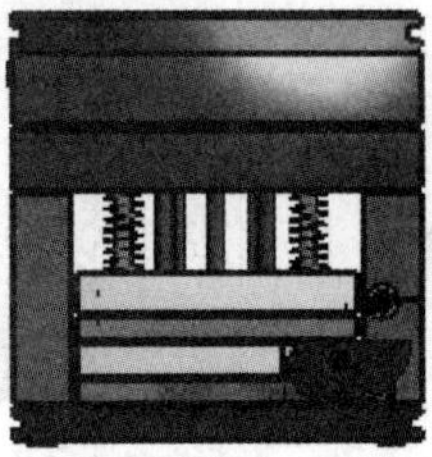	吊环、通用手柄、钢丝绳、行车、铜棒	把步骤 31 组装完成的定模部分装配到步骤 24 组装完成的动模部分

任务一　顶针底板加工

1.1.1　任务描述

一、任务内容

企业接到加工 6 件二次顶出模具顶针底板的生产订单，图 1－2 为顶针底板的零件设计图，要求在 1 天内按设计图完成所有顶针底板的加工，并保证顶针底板的加工质量。请根据顶针底板的设计图分析加工工艺，做好加工前的准备工作，编写加工工艺单，在计划时间内完成顶针底板的加工。

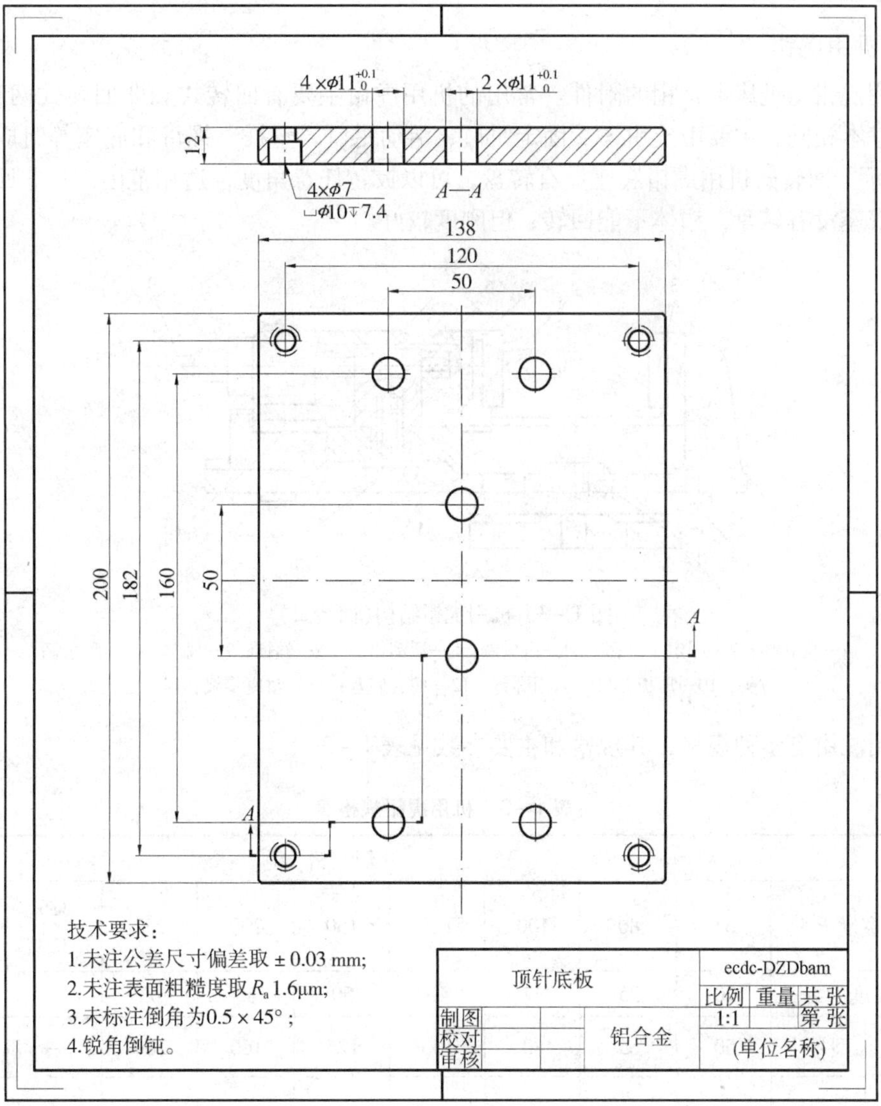

图 1－2　顶针底板零件设计图

二、任务目标

通过本次工作任务，学生能够熟练完成以下工作：

(1)根据顶针底板设计图，分析加工工艺；

(2)根据顶针底板的加工工艺，完成加工前准备工作；

(3)编写加工工艺单，选用合适的工量具与机床完成顶针底板的加工，并保证加工质量；

(4)运用相应的工量具检测顶针底板的尺寸精度、形状精度、位置精度、表面粗糙度等。

1.1.2　任务准备

一、技能知识

1. 机用虎钳

机用虎钳是铣床上常用的附件。常用的机用虎钳主要有回转式和非回转式两种类型，其结构基本相同，主要由虎钳体、固定钳口、活动钳口、丝杠、螺母和底座等组成，如图1-3所示。回转式机用虎钳底座设有转盘，可以扳转任意角度，适用范围广；非回转式机用虎钳底座没有转盘，钳体不能回转，但刚度较好。

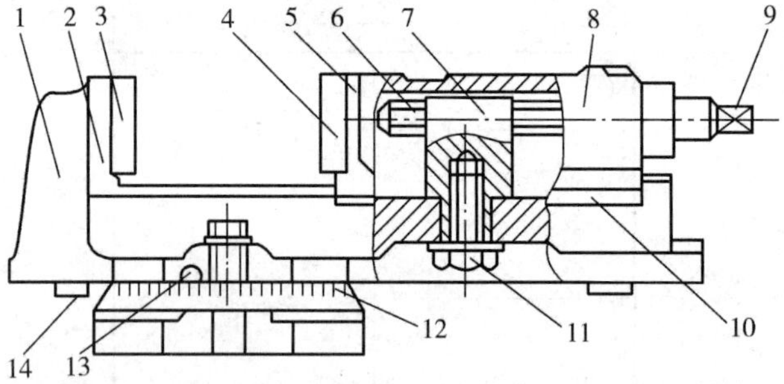

图1-3　机用虎钳结构(回转式)

1—虎钳体；2—固定钳口；3，4—钳口铁；5—活动钳口；6—丝杠；7—螺母；8—活动座；9—方头；10—压板；11—紧固螺钉；12—回转底盘；13—钳座零线；14—定位键

机用虎钳有多种规格，其规格和主要参数见表1-3。

表1-3　机用虎钳规格表

参　数		规　格								
钳口宽度 B		63	80	100	125	160	200	250	315 (320)	400
钳口高度 $H \geq$		20	25	32	40	50	63	63	80	80
钳口最大张开度 $L \geq$	型号Ⅰ	50	65	80	100	125	160	200	—	—
	型号Ⅱ	—	—	—	140	180	220	280	360	450

机用虎钳的校正包括校正机电虎钳、工件的 X、Z 轴两方向的直线度和平行度，如图 1－4 所示。

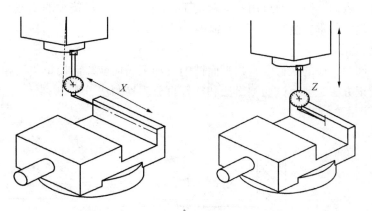

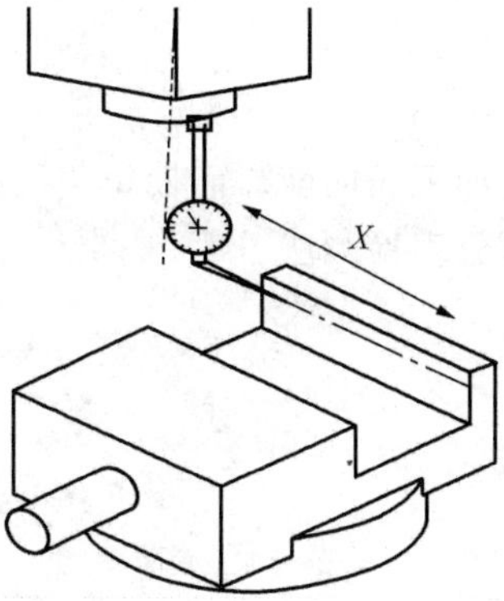

图 1－4　机用虎钳校正

将杠杆表座磁吸在主轴端面上，调节百分表（或千分表）指向平口钳的固定端，沿 X、Z 轴向来回移动，找正，平行度误差在 0.02mm 内。

2. 工件校正

为了保证工件的垂直度与平行度，在加工之前，必须对工件已加工表面的垂直度与平行度进行校正。

1）垂直度校正

工件的垂直度校正可运用百分表辅助完成，其方法如图 1－5 所示。

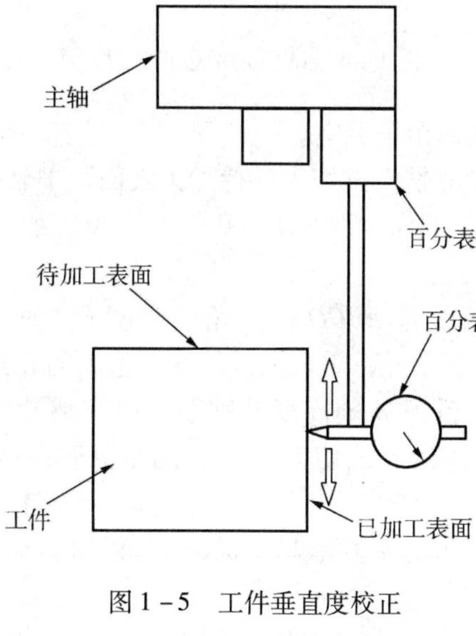

图 1－5　工件垂直度校正

①把工件固定在机床的夹具上，轻力装夹即可，不需完全夹紧。

②把百分表通过百分表座固定在主轴上，手动移动主轴，使百分表的探针轻压工件已加工表面。

③手动控制主轴按空心箭头方向上下移动，观察百分表的读数，确定已加工表面是否垂直。

④根据百分表的读数，通过用胶锤敲击工件或在工件下加垫片的方法，调整工件，保证工件已加工表面的垂直度在0.02mm以内。

2)平行度校正

为保证工件两个面的平行度，在平面铣削待加工表面前，需校正与其相对的已加工表面的水平，校正方法主要有试切测量法和杠杆百分表检测法。

(1)试切测量法(如图1-6所示)。

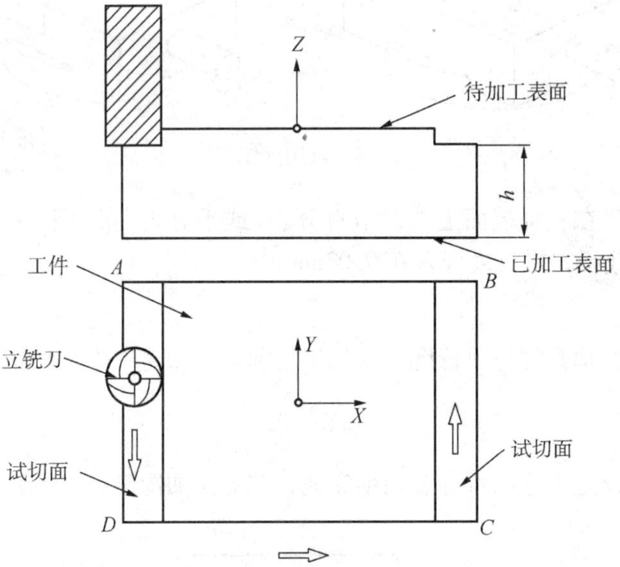

图1-6　试切测量校正工件

①装夹工件时保证*ABCD*四个角悬空。

②装夹完毕后，手动控制立铣刀试切工件待加工表面与*Y*轴平行的两个侧边，试切方式如图1-6所示。试切时，切削深度取0.1～0.3mm，保留加工余量。试切时及试切后，要保持立铣刀*Z*轴高度不变。

③试切完毕后，用千分尺测量*ABCD*四个角的高度*h*。如已加工表面装夹水平，那*ABCD*四角的*h*值应相等，如有差异，需根据差值在*h*值大的底面加相应厚度的垫片。

④调整完毕后，在原来立铣刀*Z*轴高度基础上手动控制刀具下移0.2mm左右，再次试切工件待加工表面的两个侧边。试切完毕后，测量*ABCD*四角，根据四个*h*值调整工件。

⑤重复步骤④，直到四个角的*h*值相差在0.02mm以内。

(2)杠杆百分表检测法(如图1-7所示)。

①把工件固定在机床的夹具上，轻力装夹即可，不需完全夹紧，装夹时保证已加工表面*AB*两个侧边悬空。

②把杠杆百分表通过杠杆百分表座固定在主轴上，手动移动主轴，使杠杆百分表的探针轻压工件已加工表面*B*侧边。

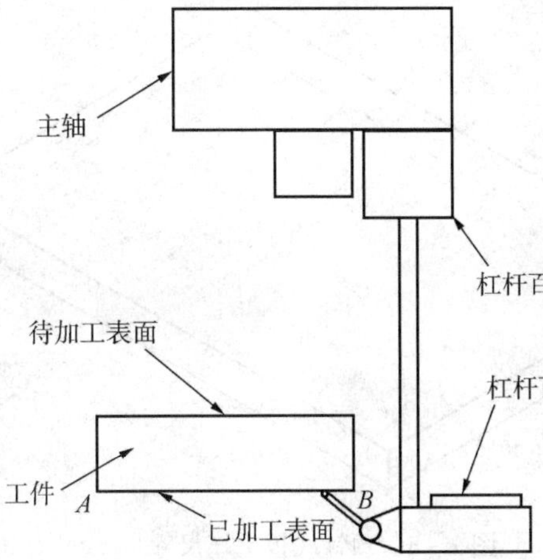

图 1－7　杠杆百分表校正工件

③手动控制主轴前后移动，观察杠杆百分表的读数，确定已加工表面 B 侧边是否水平。

④手动控制杠杆百分表使探针移动到 A 侧边，检测已加工表面的 A 侧边是否水平，记录杠杆百分表的读数。

⑤根据百分表的读数，通过用胶锤敲击工件或在工件下加垫片的方法，调整工件，保证工件已加工表面的水平度在 0. 02mm 以内。

二、设计图分析

顶针底板在模具中位于两模脚中间，并与顶针板连接，以固定顶针与复位杆，起到开模时推动顶针进行脱模运动，以及合模时在复位杆推动下与顶针板一起复位顶针的作用。

根据图 1－2 所示的零件设计图，顶针底板最大外轮廓为矩形体，其最大尺寸为：长______mm × 宽______mm × 高______mm。

顶针底板上共有 ϕ 10. 7mm 通孔______个，定位尺寸为_______mm 和_______mm 以及______mm；ϕ 7 沉头孔______个，沉头尺寸为______mm，定位尺寸为______mm 和______mm。

顶针底板的表面粗糙度为__________________。

顶针底板选用____________________材料进行加工。

三、毛坯准备

加工余量是指加工过程中从加工表面切去的金属层厚度，一般准备毛坯时都需要考虑加工余量，本次毛坯长宽加工余量为 3mm，高度方向加工余量为 5mm，在图 1－8 中标注毛坯尺寸。

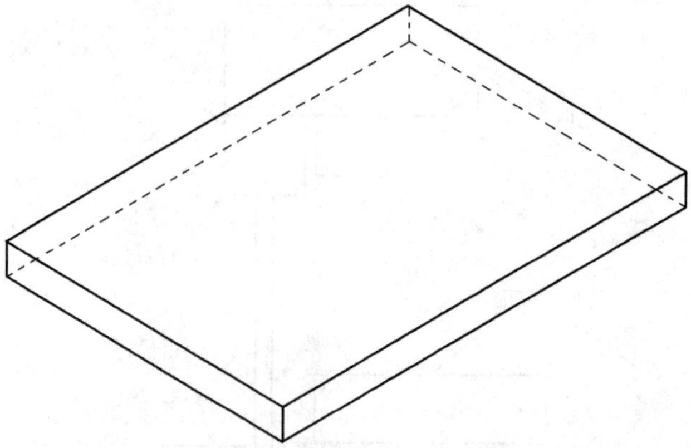

图 1－8　顶针底板毛坯尺寸

四、机床设备选用

请根据图 1－2 所示的零件设计图，选择合适的机床进行顶针底板的加工，并填写入加工设备选用表(表 1－4)。

表 1－4　加工设备选用表

序号	加工内容	选用设备	原　因
1	矩形外轮廓	普通铣床	矩形外轮廓形状简单，可用普通立式铣床完成 6 个平面的加工
2	通孔与沉头孔	划线平台 普通钻床	以划线平台为基准在已加工的工件底面进行划线操作，再用普通钻床完成钻中心孔、钻孔、扩孔、铰孔等工作

五、加工刀具选择

针对不同的加工内容及工件形状，需采用不同的刀具完成加工，请参照顶针底板设计图(图 1－2)及技术要求，选择合适的加工刀具，并填写入加工刀具选用表(表 1－5)。

表 1－5　加工刀具选用表

序号	加工内容	选用刀具	备　注
1	矩形外轮廓	ϕ60 盘铣刀 倒角刀	盘铣刀：用于铣削工件尺寸较大的平面 倒角刀：用于为工件棱边倒角的铣削加工
2	通孔与沉头孔	中心钻 ϕ6.5、ϕ10.5 麻花钻 ϕ10 平底铣刀 ϕ7、ϕ11 铰刀	ϕ10 平底铣刀：用于沉头孔的扩孔加工

六、工量具准备

针对不同的加工内容及工件形状，需采用不同的工量具完成工件装夹、定位、校正、测量等操作，请根据表1－6加工工量具选用表所列的加工内容及顶针底板的设计图，选用合适的工量具。

表1－6　加工工量具选用表

序号	加工内容	选用工量具	备　注
1	矩形外轮廓	机用虎钳、垫块、圆铜棒、百分表、百分表座、0～250mm游标卡尺、0～25mm千分尺	(1)选用的机用虎钳最大夹紧范围为：________________；(2)百分表及表座用于工件调头装夹时的校正
2	通孔与沉头孔	划针、高度游标卡尺、样冲、铁锤、钢直尺、机用虎钳、铜垫片、垫块、内径千分尺、游标卡尺	(1)划针、高度游标卡尺、样冲、铁锤、钢直尺用于钳工划线；(2)为了使虎钳的钳口不损坏已加工表面，可在钳口与工件之间加铜垫片

1.1.3　计划与实施

运用所学的加工知识，参照顶针底板零件设计图(图1－2)，分析顶针底板的加工工艺，并把分析结果按工序填入零件加工工艺单(表1－7)。

表 1－7　零件加工工艺单

序号	加工内容（包括装夹方式）	刀具规格	机床设备	主轴转速（r/min）	进给速度（mm/min）	背吃刀量（mm）	精加工余量（mm）	备　注
1	机用虎钳装夹 *E*、*F* 两面，顶面 *A* 朝上（如图 1－9 所示）		普通铣床					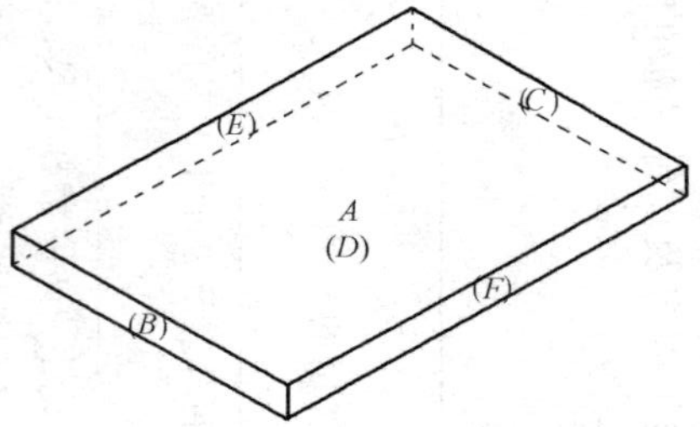 图 1－9　工件示意图 注：有括号的字母表示背面 为保证加工精度，在装夹工件前，应进行铣床主轴轴线与进给方向垂直度的校正，以及机用虎钳固定钳口的校正。装夹时夹紧力不能过大，否则会造成工件变形
2	平面铣削 *A* 面（如图 1－10 所示）	Φ60 盘铣刀	普通铣床	300	60	2	0.3	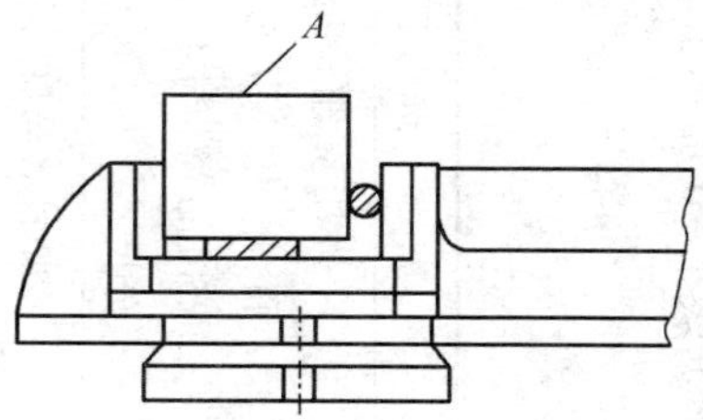 图 1－10　矩形工件加工步骤 铣削矩形工件是铣工必须掌握的一项基本技能，在多数情况下，都要将毛坯进行平行六面体加工处理，俗称“归方”，为后续加工做好准备

续表 1－7

序号	加工内容（包括装夹方式）	刀具规格	机床设备	主轴转速（r/min）	进给速度（mm/min）	背吃刀量（mm）	精加工余量（mm）	备　注
3	平面铣削 *B* 面（如图 1－11 所示）	Φ60 盘铣刀	普通铣床	300	60	1	0.3	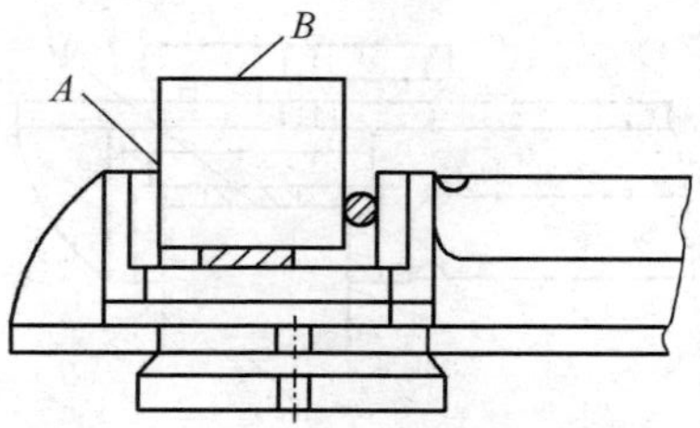 图 1－11　矩形工件加工步骤 （1）因要保护已加工表面，在 *A* 面与固定钳口之间需加铜垫片 （2）为保证 *A* 面与 *B* 面的垂直度，应把已加工 *A* 面与固定钳口贴合，用较小的力装夹工件，用百分表校正 *A* 面的垂直，校正精度在 0.02mm 以内，校正完毕后再完全夹紧工件
4	平面铣削 *C* 面（如图 1－12 所示）	Φ60 盘铣刀	普通铣床	300	60	1	0.3	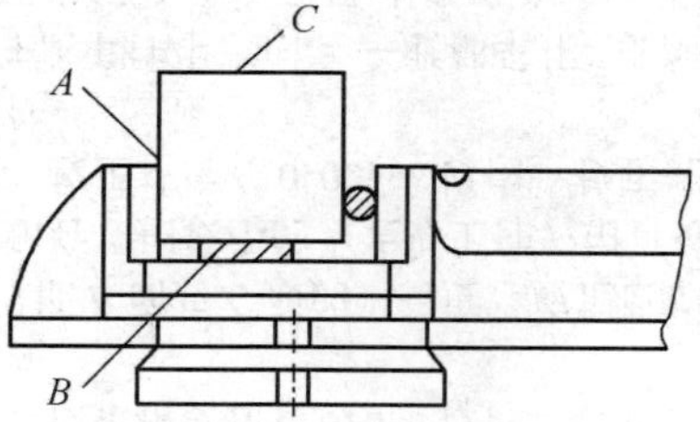 图 1－12　矩形工件加工步骤 （1）为保证 *A* 面与 *C* 面的垂直度，应把已加工 *A* 面与固定钳口贴合，用较小的力装夹工件，用百分表校正 *A*

续表 1-7

序号	加工内容（包括装夹方式）	刀具规格	机床设备	主轴转速（r/min）	进给速度（mm/min）	背吃刀量（mm）	精加工余量（mm）	备注
								面的垂直，校正精度在 0.02mm 以内，校正完毕后再完全夹紧工件 （2）为保证 B 面与 C 面的平行度，应把已加工 B 面与平行垫块贴合，用较小的力装夹工件，用百分表校正 B 面的水平，校正精度在 0.02mm 以内，校正完毕后再完全夹紧工件 （3）工件在单件生产时，一般都采用“铣削→测量→铣削”循环进行，一直到尺寸准确为止。需要注意的是，在粗铣时对铣刀抬起或偏让量与精铣时不相等，在控制尺寸时要考虑这个因素 （4）当尺寸精度的要求较高时，则需在粗铣后再进行一次半精铣，余量以 0.5 mm 左右为宜，再根据余量决定精铣时工件台上升的距离。在上升工作台时，可借助百分表来控制移动量 （5）粗铣或半精铣后测量工件尺寸时，在条件允许的情况下，最好不把工件拆下，而在工作台上测量
5	平面铣削 D 面（如图 1-13 所示）	Φ60 盘铣刀	普通铣床	300	60	2	0.3	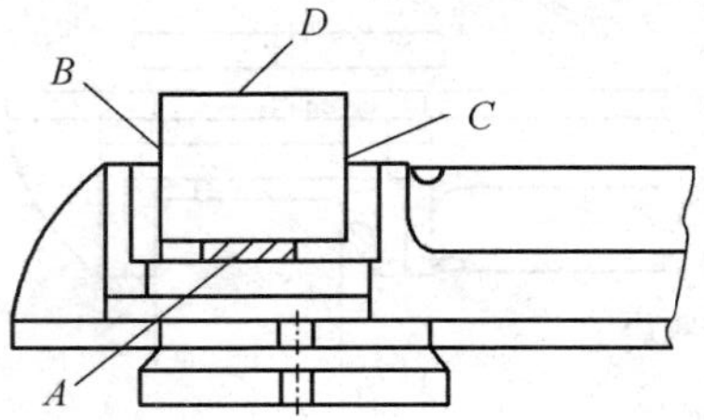 图 1-13　矩形工件加工步骤 注：校正 B 面的垂直与 A 面的水平，保证 A 面与 D 面的平行尺寸

续表 1－7

序号	加工内容（包括装夹方式）	刀具规格	机床设备	主轴转速（r/min）	进给速度（mm/min）	背吃刀量（mm）	精加工余量（mm）	备　注
6	平面铣削 E 面（如图 1－14 所示）	Φ60 盘铣刀	普通铣床	300	60	1	0.3	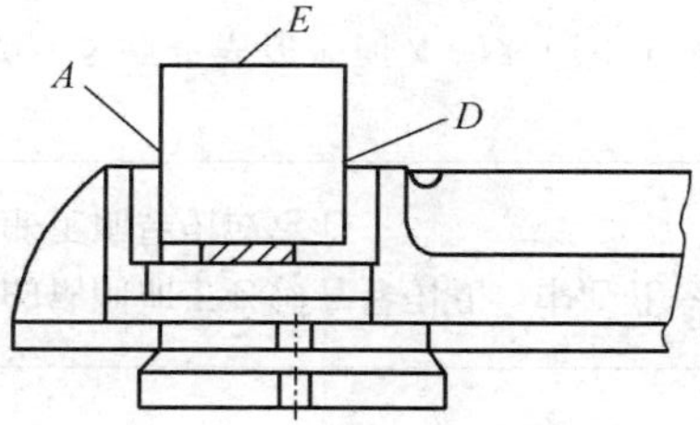 图 1－14　矩形工件加工步骤 注：校正 A 面的垂直，加工方法与加工 B 面相同
7	平面铣削 F 面（如图 1－15 所示）	Φ60 盘铣刀	普通铣床	300	60	1	0.3	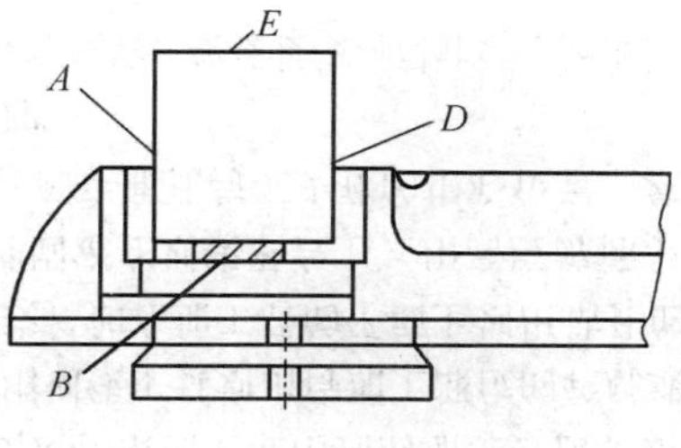 图 1－15　矩形工件加工步骤 注：校正 A 面的垂直与 E 面的水平，保证 E 面与 F 面的平行尺寸

续表 1-7

序号	加工内容（包括装夹方式）	刀具规格	机床设备	主轴转速（r/min）	进给速度（mm/min）	背吃刀量（mm）	精加工余量（mm）	备注
8	划线		划线平台					（1）划线是孔系加工常用到的加工方法，是指在毛坯或工件上用划线工具划出待加工部位的轮廓线或作为基准的点和线，如在加工后的平面上划出钻孔的加工线 （2）工件固定在划线平台上，用高度游标卡尺在工件 *A* 面划线，确定通孔与沉头孔的中心位置，然后在中心位置打样冲 （3）划线完成后，要反复核对尺寸，才能进行机械加工
9	机用虎钳装夹工件的 *E*、*F* 面，使完成划线的 *A* 面朝上（如图 1-10 所示）		普通钻床					（1）校正钻床主轴的垂直度，并校正工件 *A* 面的水平度，以保证加工的通孔与沉头孔的垂直度 （2）工件底面 *D* 与孔相对的部位要有一定的悬空距离，避免钻通时损伤垫块、夹具或工作台
10	钻削中心孔	中心钻	普通钻床	1000	100			所有孔的钻削加工必须有导引孔、中心孔，其深度必须保证能够正确导引或定心
11	沉头孔加工	ϕ6.5 麻花钻、ϕ10 平底铣刀、ϕ7 铰刀	普通钻床	钻孔：200 扩孔：600 铰孔：50	100		0.5	（1）用 ϕ6.5 麻花钻在平面 *A* 的对应中心孔上钻削，且直接钻通 （2）用 ϕ10 平底铣刀在钻好的孔上进行扩孔，深度到 7mm 为止 （3）用 ϕ7 铰刀在对应的通孔处铰削，直接铰通

续表 1-7

序号	加工内容 （包括装夹方式）	刀具 规格	机床 设备	主轴转速 （r/min）	进给速度 （mm/min）	背吃刀量 （mm）	精加工余 量（mm）	备　注
12	通孔加工	ϕ10.5 麻花钻、ϕ11 铰刀	普通钻床	钻孔：200 铰孔：50	100		0.5	（1）先用ϕ10.5 麻花钻在平面 A 的对应中心孔上钻削，且直接钻通。再用ϕ11 铰刀在对应的通孔处铰削，也是铰通 （2）因顶针底板 6 个通孔是让二次顶针底板上的复位杆与成型顶针穿过即可，所以对孔径尺寸精度要求不高，可确定偏差为 +0.1mm
13	棱边倒钝	倒角刀	普通铣床	600	200	0.5	0.2	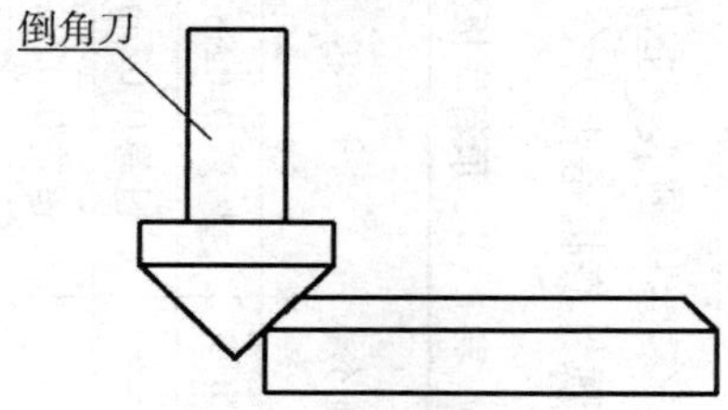 图 1-16　棱边倒钝 倒角刀不仅可以用于锪孔，也可以用于棱边倒钝（如图 1-16 所示）

1.1.4 评价反馈

一、零件检测

参照表1-8所列的顶针底板零件检测表，运用合适的工量具对完成加工的顶针底板进行精度检测，确定加工出来的顶针底板是否为合格零件。

表1-8 顶针底板检测表

序号	检测项目	检测内容	配分	检测要求	学生自测		教师测评	
					自测	评分	检测	评分
1	长度	200mm	4	超差0.02mm扣2分				
2	宽度	138mm	4	超差0.02mm扣2分				
3	高度	12mm	4	超差0.02mm扣2分				
4	侧边沉头孔	ϕ10mm×4	4	超差0.02mm扣2分				
		ϕ7mm×4	4	超差0.02mm扣2分				
		182mm	4	超差0.02mm扣2分				
		120mm	4	超差0.02mm扣2分				
		深7.4mm	4	超差0.02mm扣2分				
5	侧边通孔	ϕ10.7mm×4	4	超差0.02mm扣2分				
		50mm	4	超差0.02mm扣2分				
		160mm	4	超差0.02mm扣2分				
6	中部通孔	ϕ10.7mm×4	4	超差0.02mm扣2分				
		50mm	4	超差0.02mm扣2分				
7	表面粗糙度	R_a1.6μm	4	一处不合格扣1分，扣完为止				
8	倒角	未注倒角	4	不符合无分				
9	外形	工件完整性	5	漏加工一处扣1分				
10	时间	工件按时完成	5	未按时完成全扣				
11	加工工艺	加工工艺单	5	加工工艺单是否正确、规范				
		刀具及切削用量选择合理	5	刀具和切削用量不合理每项扣1分				
12	现场操作	安全操作	10	违反安全规程全扣				
		工量具使用	5	工量具使用错误一项扣1分				
		设备维护保养	5	未能正确保养全扣				
13	开始时间		结束时间		加工用时			
14	合计(总分)		100分	机床编号		总得分		

二、学生自评

学生自评表中列出本次工作任务所涉及的主要知识点与技能，请参照表 1－9 进行评价与自我反思。

表 1－9 学生自评表

序号	知识点与技能	是否掌握	优缺点反思
1	普通铣床、普通钻床结构		
2	普通铣床、普通钻床基本操作		
3	普通铣床、普通钻床校正		
4	机用虎钳校正		
5	工件校正与装夹		
6	工件划线		
7	六面体铣削		
8	普通钻床的孔加工		
9	工件倒角		

三、教师评价

____

____

____

1.1.5 任务拓展

一、二次顶出顶针底板加工

图 1－17 所示为二次顶出顶针底板的零件设计图，请根据此设计图分析二次顶出顶针底板的加工工艺，编写加工工艺单，完成二次顶出顶针底板的加工。

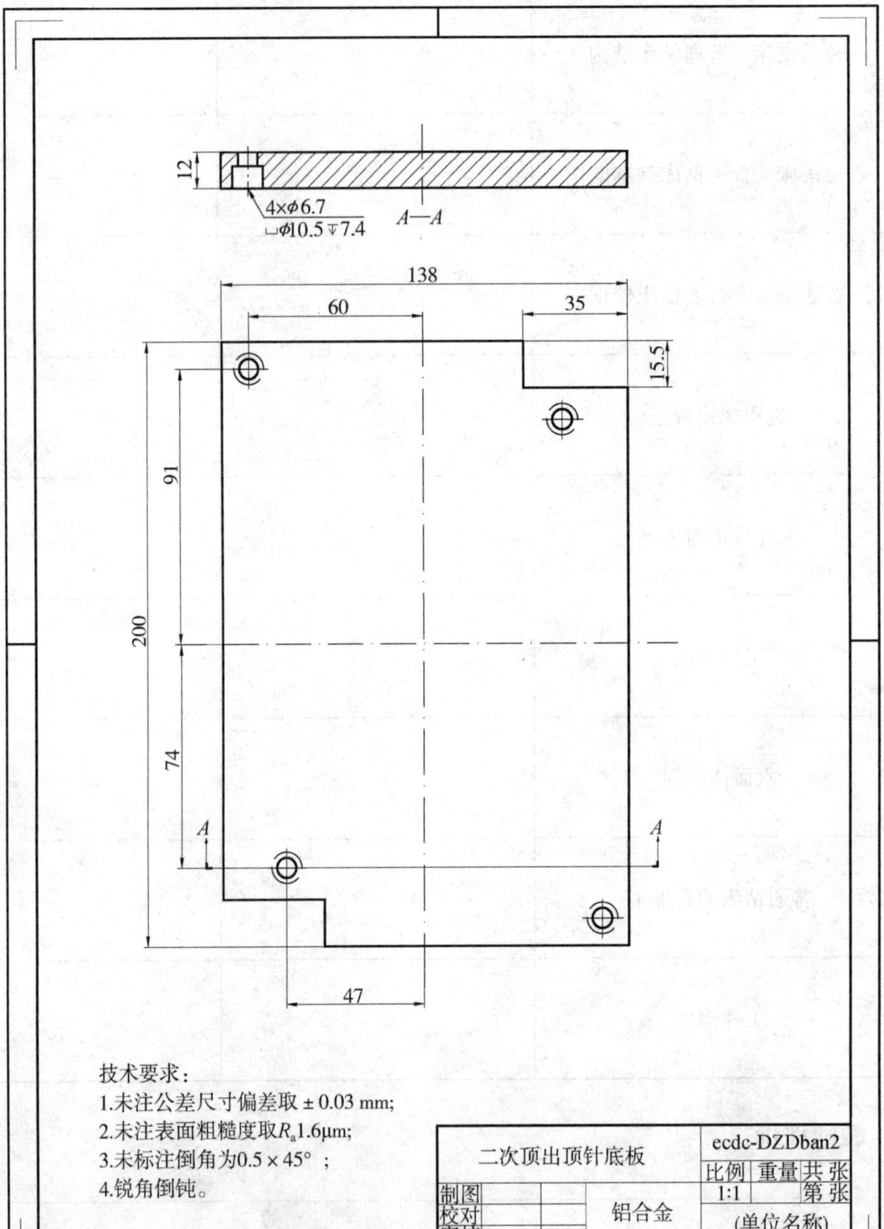

图 1－17　二次顶出顶针底板设计图

表1－10为二次顶出顶针底板检测表。

表1－10　二次顶出顶针底板检测表

序号	检测项目	检测内容	配分	检测要求	学生自测		教师测评	
					自测	评分	检测	评分
1	长度	200mm	6	超差0.02mm扣2分				
2	宽度	138mm	6	超差0.02mm扣2分				
3	高度	12mm	6	超差0.02mm扣2分				
4	侧边沉头孔	ϕ10.5mm×4	6	超差0.02mm扣2分				
		ϕ6.7mm×4	6	超差0.02mm扣2分				
		60mm	3	超差不得分				
		91mm	3	超差不得分				
		74mm	3	超差不得分				
		47mm	3	超差不得分				
		深7.4mm	6	超差0.02mm扣2分				
5	对角台阶	35mm	3	超差0.02mm扣2分				
		15.5mm	3	超差0.02mm扣2分				
6	表面粗糙度	R_a1.6μm	3	一处不合格扣1分，扣完为止				
7	倒角	未注倒角	3	不符合无分				
8	外形	工件完整性	5	漏加工一处扣1分				
9	时间	工件按时完成	5	未按时完成全扣				
10	加工工艺	加工工艺单	5	加工工艺单是否正确、规范				
		刀具及切削用量选择合理	5	刀具和切削用量不合理每项扣1分				
11	现场操作	安全操作	10	违反安全规程全扣				
		工量具使用	5	工量具使用错误一项扣1分				
		设备维护保养	5	未能正确保养全扣				
12	开始时间		结束时间		加工用时			
13	合计(总分)		100分	机床编号		总得分		

任务二　模脚加工

1.2.1　任务描述

一、任务内容

企业接到加工12件二次顶出模具模脚的生产订单，图1－18为模脚零件设计图，要求在1天内按设计图完成所有模脚的加工，并保证模脚的加工质量。请根据模脚的设计图分析加工工艺，做好加工前的准备工作，编写加工工艺单，在计划时间内完成模脚的加工。

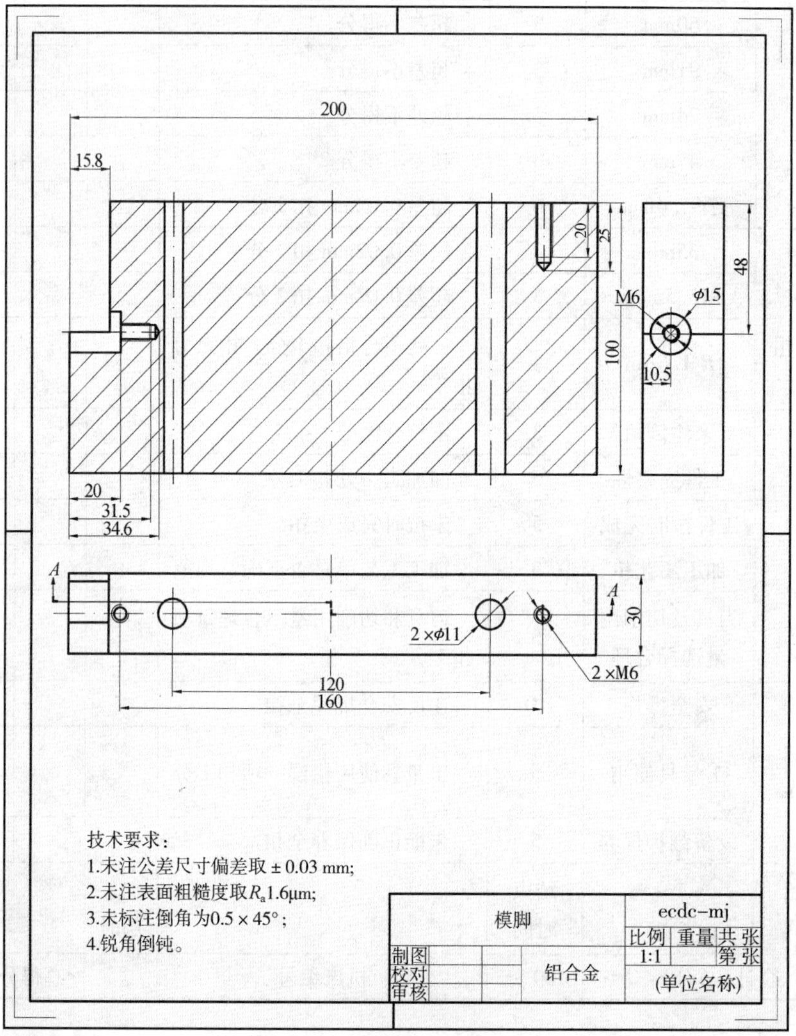

图1－18　模脚零件设计图

二、任务目标

通过本次工作任务，学生能够熟练完成以下工作：

(1)根据模脚设计图，分析加工工艺；

(2)根据模脚的加工工艺，完成加工前准备工作；

(3)编写加工工艺单，选用合适的工量具与机床完成模脚的加工，并保证加工质量；

(4)运用相应的工量具检测模脚的尺寸精度、形状精度、位置精度、表面粗糙度等。

1.2.2 任务准备

一、技能知识

1. 深孔钻加工

在机械加工中通常把孔深与孔径之比大于6的孔称为深孔。深孔钻削时，散热和排屑困难，且因钻杆细长而刚性差，易产生弯曲和振动。一般都要借助压力冷却系统解决冷却和排屑问题，如VENTEC DRILLS专用装置及深孔钻专用刀具(如图1-19所示)。

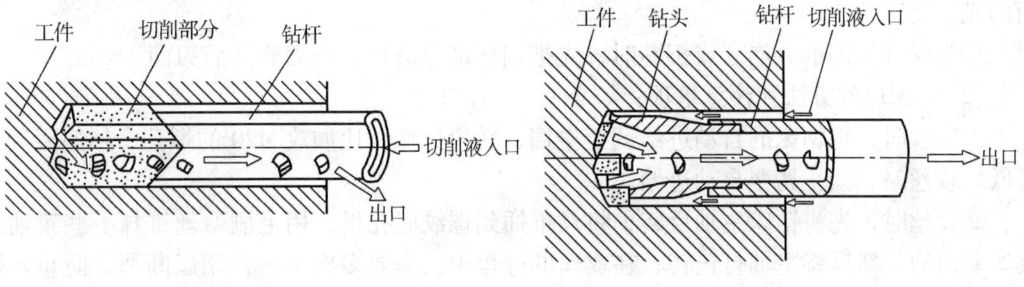

图1-19 深孔钻工作原理

(1)装夹工件，确认牢固可靠，注意避免在工作中工件、刀具、夹具相互发生干涉。

(2)加工导引孔，先用麻花钻加工至合适深度，再用铰刀加工至合适尺寸。

(3)换上VENTEC DRILLS专用装置，确认无误。开动气阀，调节专用装置上的切削液润滑旋钮至合适程度。

(4)手动控制机床使钻头准确进入导引孔至合适位置。开动主轴，按自动进给。

(5)检查铁屑排出情况，时刻注意是否有切削液喷出，每分钟的进给量约为20mm，注意钻头要有2倍直径以上的排屑槽露出工件。

(6)加工完毕，机动退出一部分钻头，停机，关闭气阀，手动退出钻头。要按顺序操作，以防钻头飞出情况发生。

2. 内螺纹加工

(1)手工攻丝方法(如图1-20所示)和注意事项：

①螺纹底孔的孔口要倒角，通孔螺纹的两端均要倒角，以便于丝锥切入和防止切出时孔口螺纹崩裂。

②工件装夹要平正牢靠。攻丝时丝锥在孔口应放正，然后用一只手压丝锥，另一只手装动铰手，并随时观察和校正丝锥位置，使丝锥位置准确无误。

③丝锥进入孔时，每转0.5～1圈要倒转0.5圈，以割断切屑及易于排屑。

④先用头锥攻，再用二锥攻。在更换丝锥过程中，要用手将丝锥先旋入到不能再转时，然后用铰手转动。

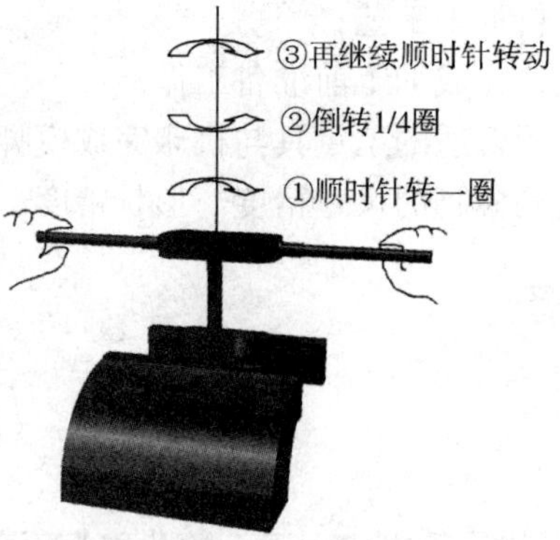

图 1－20　手工攻丝方法

⑤丝锥退出时，先用铰手将丝锥倒转松劲，然后取下铰手用手旋出，以防破坏螺孔表面的光洁度。

⑥当丝锥切削部分崩牙或折断时，先把损坏部分磨掉，再刃磨其后刃面。

(2)钻床攻丝方法和注意事项：

①攻丝时，将钻床的自动进给调至空挡，转速调低。比如攻 M20 的螺孔，钻速要调到最低。攻丝时，禁止调至自动进给。

②攻丝时，先将钻床主轴反转，将丝锥插到螺纹底孔里，用毛刷给丝锥抹一些菜油或攻丝专用油，然后将主轴打正转，在攻丝的过程中，需要多次反转，用以断屑，防止丝锥被切屑憋断。

③攻丝时，左手搭在主轴手柄上，右手握着钻床的正反转手柄。攻丝开始，钻床主轴正转，控制主轴手柄的左手施力，以使丝锥顺利攻入。当攻入几扣后，左手停止施力，只需随着手柄运动即可。切削到深度后，主轴反转，丝锥退出，左手轻轻将丝锥上提，不要施力，直到丝锥完全退出螺孔。

④钻床加工盲孔，攻丝前，先将丝锥贴在要攻丝的工件表面，定出加工深度，然后再攻丝。加工到预定深度，迅速将主轴反转，丝锥退出。确定深度时，要预留几毫米的余量，防止丝锥碰顶折断。

⑤钻床的转速根据攻丝材料确定，如低碳钢、铜、铝等硬度较低材料，主轴的转速可以相对高些。反之，如高碳钢等高硬度材料，则只能低速低进给攻丝，并多次退屑，防止丝锥折断。

二、设计图分析

一套二次顶出模具共有 2 个模脚，安装于动模板与动模底板之间，起到支撑动模板并给予顶出系统运动空间的作用，同时在二次顶出模具中，模脚还起到限位摆块的作用。

根据图 1－18 所示的零件设计图，模脚最大外轮廓为矩形体，其最大尺寸为：长______mm × 宽______mm × 高______mm。

模脚上共有 ϕ 11mm 深通孔______个，定位尺寸为______mm；M6 沉头螺纹孔______个，沉头直径________mm，沉头深________mm，定位尺寸分别为________mm 和______mm 以及______mm；M6 螺纹孔______个，定位尺寸分别为______mm 和______mm。

模脚侧边台阶宽______mm，高______mm。

模脚的表面粗糙度为________________。

模脚选用____________________材料进行加工。

三、毛坯准备

加工余量是指加工过程中从加工表面切去的金属层厚度，一般准备毛坯时，都需要考虑加工余量。本次毛坯长宽加工余量为3mm，高度方向加工余量为5mm，在图1－21中标注毛坯尺寸。

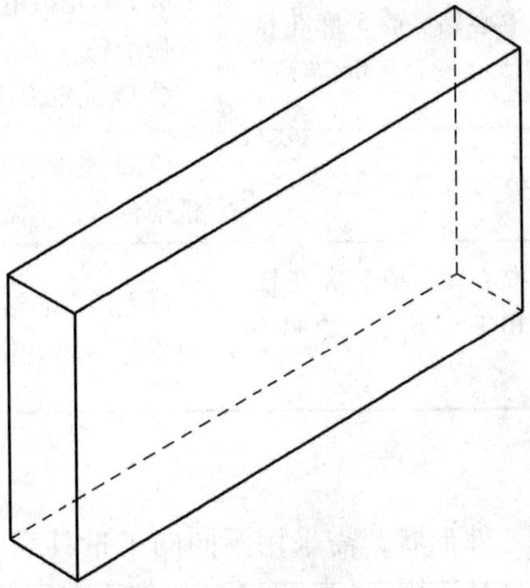

图1－21　模脚毛坯尺寸

四、机床设备选用

请根据图1－18所示的模脚零件设计图，选择合适的机床进行模脚的加工，并填写入加工设备选用表(表1－11)。

表1－11　加工设备选用表

序号	加工内容	选用设备	原　因
1	矩形外轮廓	普通铣床	矩形外轮廓形状简单，可用普通立式铣床完成6个平面的加工
2	侧边沉头螺纹孔	划线平台 普通铣床	为保证定位精度及简化加工，需完成侧边沉头螺纹孔后，再进行侧边台阶的加工
3	侧边台阶	普通铣床	侧边台阶形状简单，可用普通铣床完成台阶铣削，且在完成侧边沉头螺纹孔后连续加工，保证工件的位置精度
4	通孔与螺纹孔	划线平台 普通钻床	以划线平台为基准在已加工的工件底面进行划线操作，再用普通钻床完成钻中心孔、钻孔、扩孔、铰孔等工作

五、加工刀具选择

针对不同的加工内容及工件形状，需采用不同的刀具完成加工，请参照模脚零件设计图(图 1－18)及技术要求，选择合适的加工刀具，并填写入表 1－12 加工刀具选用表。

表 1－12　加工刀具选用表

序号	加工内容	选用刀具	备　注
1	矩形外轮廓	ϕ60 盘铣刀 倒角刀	盘铣刀：用于铣削工件尺寸较大的平面 倒角刀：用于为工件棱边倒角的铣削加工
2	侧边沉头螺纹孔及底面螺纹孔	中心钻、ϕ5 麻花钻、ϕ15 立铣刀、M6 丝锥	ϕ5 麻花钻用于钻削螺纹的小径孔，为攻螺纹做准备 ϕ15 立铣刀用于扩钻沉头孔
3	侧边台阶	ϕ15 立铣刀	ϕ15 立铣刀可以在扩钻沉头孔后继续用于铣削台阶，不需另外准备刀具
4	深通孔	中心钻、ϕ5 麻花钻、ϕ10.8 麻花钻、ϕ11 铰刀	可先用中心钻定位，ϕ5 麻花钻预钻通，再用ϕ10.8 麻花钻和ϕ11 铰刀完成深孔加工

六、工量具准备

针对不同的加工内容及工件形状，需采用不同的工量具完成工件装夹、定位、校正、测量等操作，请根据加工工量具选用表(表 1－13)的加工内容及模脚的设计图，选用合适的工量具。

表 1－13　加工工量具选用表

序号	加工内容	选用工量具	备　注
1	矩形外轮廓及侧边台阶	机用虎钳、垫块、圆铜棒、百分表、百分表座、0～250mm 游标卡尺、千分尺	(1)选用的机用虎钳最大夹紧范围为 ________ (2)百分表及表座用于工件调头装夹时的校正
2	通孔、沉头螺纹孔及底面螺纹孔	划针、高度游标卡尺、样冲、铁锤、钢直尺、机用虎钳、铜垫片、垫块、内径千分尺、游标卡尺、螺纹塞规	螺纹塞规用于内螺纹尺寸的测量

1.2.3　计划与实施

运用所学的加工知识，参照模脚零件设计图(图 1－18)，分析模脚的加工工艺，并把分析结果按工序填入零件加工工艺单(表 1－14)。

表 1－14　零件加工工艺单

序号	加工内容（包括装夹方式）	刀具规格	机床设备	主轴转速（r/min）	进给速度（mm/min）	背吃刀量（mm）	精加工余量（mm）	备　注
1	机用虎钳装夹工件，进行矩形外轮廓加工	Φ60 盘铣刀	普通铣床	300	60	2	0.3	矩形外轮廓加工方法参照顶针底板加工工作任务的零件加工工艺单步骤 1 至步骤 7
2	划线		划线平台					划线内容包括： （1）定侧边沉头螺纹孔中心，并根据沉头孔直径和螺纹孔小径用划规划圆线 （2）划侧边台阶的边界线 （3）定底面螺纹孔及深通孔中心，并根据螺纹孔小径和通孔直径用划规划圆线
3	侧边沉头螺纹孔加工	中心钻、Φ5 麻花钻、Φ15 立铣刀、M6 丝锥	普通铣床	中心钻：1000 钻孔：200 扩孔：600	60			（1）为避免铣削完台阶后不方便刀具定位加工沉头螺纹孔，应先完成侧边的孔加工。且为保证工件精度及简化加工，侧边沉头螺纹孔与台阶可在普通铣床上连续加工 （2）用中心钻加工出定位中心孔后，应先用Φ5 麻花钻钻削加工至 34.6mm，再用Φ15 立铣刀扩孔，最后加工内螺纹 （3）最好用手工攻丝方法加工内螺纹，避免因用钻床加工内螺纹技术不熟练出现“乱牙”，致使工件报废
4	侧边台阶铣削	Φ15 立铣刀	普通铣床	600	200	铣削深度 a_e：5 铣削宽度 a_p：10	0.3	当台阶的加工尺寸及余量较大时，可采用分段铣削，即先分层粗铣掉大部分余量，并预留精加工余量，后精铣至最终尺寸 粗铣时，台阶底面和侧面的精铣余量选择范围通常在 0.5～1.0mm 之间。精铣时，应首先精铣底面至尺寸要求，后精铣侧面至尺寸要求，这样可以减小

续表 1-14

序号	加工内容（包括装夹方式）	刀具规格	机床设备	主轴转速（r/min）	进给速度（mm/min）	背吃刀量（mm）	精加工余量（mm）	备　注
								铣削力，从而减小夹具、工件、刀具的变形和振动，提高尺寸精度和表面粗糙度 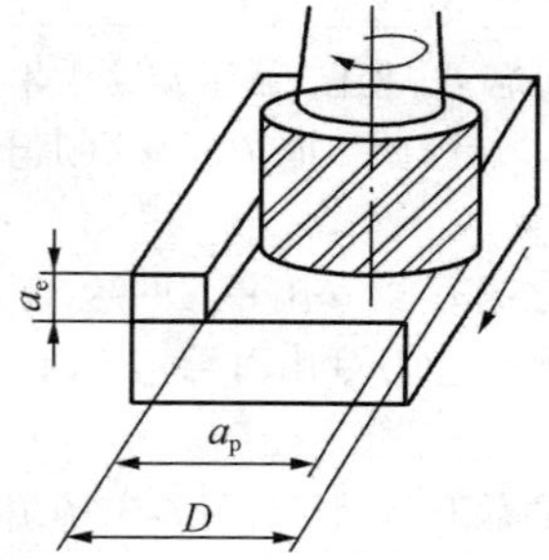 图 1-22　台阶铣削
5	底面深通孔加工	ϕ5 麻花钻、ϕ10.8 麻花钻、ϕ11 铰刀	普通钻床	钻孔：200 扩孔：600 铰孔：50	60			在进行深孔钻削时，如无相应的设备与刀具，可运用麻花钻手动分段扩钻： （1）先用一般的麻花钻钻削，直到感觉吃力为止。麻花钻两侧主切削刃最好不对称，使钻出来的孔径偏大，可避免夹钻情况发生 （2）换加长小麻花钻钻透 （3）换对应加工孔径的麻花钻钻透 （4）如感觉钻削困难，可重复步骤(2)、(3)
6	底面螺纹孔加工	中心钻、ϕ5 麻花钻、M6 丝锥	普通钻床	钻孔：200	60	1	0.3	（1）先钻中心孔定位，再用ϕ5 麻花钻加工内螺纹小径孔，最后攻螺纹 （2）最好用手工攻丝方法加工内螺纹，避免因用钻床加工内螺纹技术不熟练出现“乱牙”，致使工件报废

1.2.4　评价反馈

一、零件检测

参照表1－15所示的零件检测表，运用合适的工量具对完成加工的模脚进行精度检测，确定加工出来的模脚是否为合格零件。

表1－15　模脚检测表

序号	检测项目	检测内容	配分	检测要求	学生自测		教师测评	
					自测	评分	检测	评分
1	长度	200mm	5	超差0.02mm扣2分				
2	宽度	30mm	5	超差0.02mm扣2分				
3	高度	100mm	5	超差0.02mm扣2分				
4	通孔	ϕ11mm×2	5	超差0.02mm扣2分				
		120mm	2	超差不得分				
5	底面螺纹孔	M6×2	2	超差0.02mm扣2分				
		160mm	2	超差不得分				
		深25mm	1	超差不得分				
		深20mm	1	超差不得分				
6	侧边螺纹孔	ϕ15mm	5	超差0.02mm扣2分				
		M6	2	超差0.02mm扣2分				
		10.5mm	2	超差不得分				
		48mm	2	超差0.02mm扣2分				
		深20mm	5	超差0.02mm扣2分				
		深14.6mm	5	超差0.02mm扣2分				
		深11.5mm	5	超差0.02mm扣2分				
7	台阶	48mm	2	超差0.02mm扣2分				
8	表面粗糙度	R_a1.6μm	2	一处不合格扣1分，扣完为止				
9	倒角	未注倒角	2	不符合无分				
10	外形	工件完整性	5	漏加工一处扣1分				
11	时间	工件按时完成	5	未按时完成全扣				

续表 1－15

序号	检测项目	检测内容	配分	检测要求	学生自测		教师测评	
					自测	评分	检测	评分
12	加工工艺	加工工艺单	5	加工工艺单是否正确、规范				
		刀具及切削用量选择合理	5	刀具和切削用量不合理每项扣 1 分				
13	现场操作	安全操作	10	违反安全规程全扣				
		工量具使用	5	工量具使用错误一项扣 1 分				
		设备维护保养	5	未能正确保养全扣				
14	开始时间		结束时间		加工用时			
15	合计(总分)		100 分	机床编号		总得分		

二、学生自评

学生自评表中列出本次工作任务所涉及的主要知识点与技能，请参照表 1－16 进行评价与自我反思。

表 1－16　学生自评表

序号	知识点与技能	是否掌握	优缺点反思
1	台阶铣削		
2	深孔钻加工		
3	内螺纹加工		

三、教师评价

____

____

____

1.2.5 任务拓展

一、顶针板加工

图 1－23 所示为模具顶针板零件设计图，请根据此设计图分析顶针板的加工工艺，编写加工工艺单，完成顶针板的加工。

（注意：为保证顶出系统配合精度，顶针板中部的顶针固定孔需与动模板、二次顶出顶针板组合加工。）

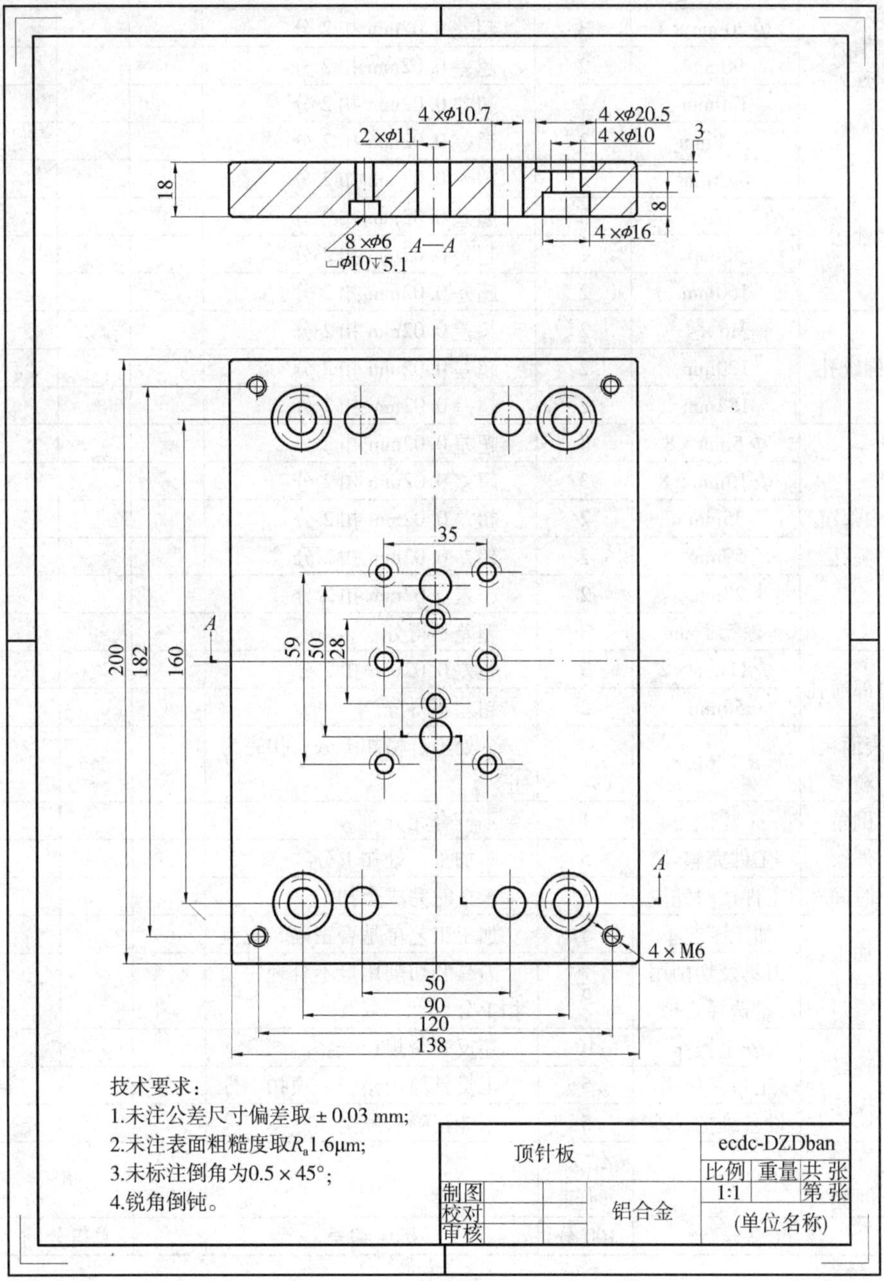

图 1－23 顶针板零件设计图

表 1－17　顶针板检测表

序号	检测项目	检测内容	配分	检测要求	学生自测		教师测评	
					自测	评分	检测	评分
1	长度	200mm	2	超差 0.02mm 扣 2 分				
2	宽度	138mm	2	超差 0.02mm 扣 2 分				
3	高度	18mm	2	超差 0.02mm 扣 2 分				
4	侧边沉头孔	ϕ16mm×4	3	超差 0.02mm 扣 2 分				
		ϕ10mm×4	3	超差 0.02mm 扣 2 分				
		ϕ20mm×4	3	超差 0.02mm 扣 2 分				
		90mm	2	超差 0.02mm 扣 2 分				
		160mm	2	超差 0.02mm 扣 2 分				
		深 8mm	3	超差 0.02mm 扣 2 分				
		深 3mm	3	超差 0.02mm 扣 2 分				
5	侧边通孔	ϕ10.7mm×4	3	超差 0.02mm 扣 2 分				
		50mm	2	超差 0.02mm 扣 2 分				
		160mm	2	超差 0.02mm 扣 2 分				
6	螺纹孔	M6×4	2	超差 0.02mm 扣 2 分				
		120mm	2	超差 0.02mm 扣 2 分				
		182mm	2	超差 0.02mm 扣 2 分				
7	中部沉头孔	ϕ5mm×8	3	超差 0.02mm 扣 2 分				
		ϕ10mm×8	3	超差 0.02mm 扣 2 分				
		35mm	2	超差 0.02mm 扣 2 分				
		59mm	2	超差 0.02mm 扣 2 分				
		28mm	2	超差 0.02mm 扣 2 分				
		深 5.1mm	3	超差不得分				
8	中部通孔	ϕ11mm×2	3	超差 0.02mm 扣 2 分				
		50mm	2	超差不得分				
9	表面粗糙度	R_a1.6μm	1	一处不合格扣 1 分，扣完为止				
10	倒角	未注倒角	1	不符合无分				
11	外形	工件完整性	5	漏加工一处扣 1 分				
12	时间	工件按时完成	5	未按时完成全扣				
13	加工工艺	加工工艺单	5	加工工艺单是否正确、规范				
		刀具及切削用量选择合理	5	刀具和切削用量不合理每项扣 1 分				
14	现场操作	安全操作	10	违反安全规程全扣				
		工量具使用	5	工量具使用错误一项扣 1 分				
		设备维护保养	5	未能正确保养全扣				
15	开始时间		结束时间		加工用时			
16	合计(总分)		100 分	机床编号		总得分		

二、二次顶出顶针板加工

图 1－24 所示为模具二次顶出顶针板零件设计图，请根据此设计图分析二次顶出顶针板的加工工艺，编写加工工艺单，完成二次顶出顶针板的加工。

（注意：为保证顶出系统配合精度，二次顶出顶针板中部的顶针固定孔需与动模板、顶针板组合加工。）

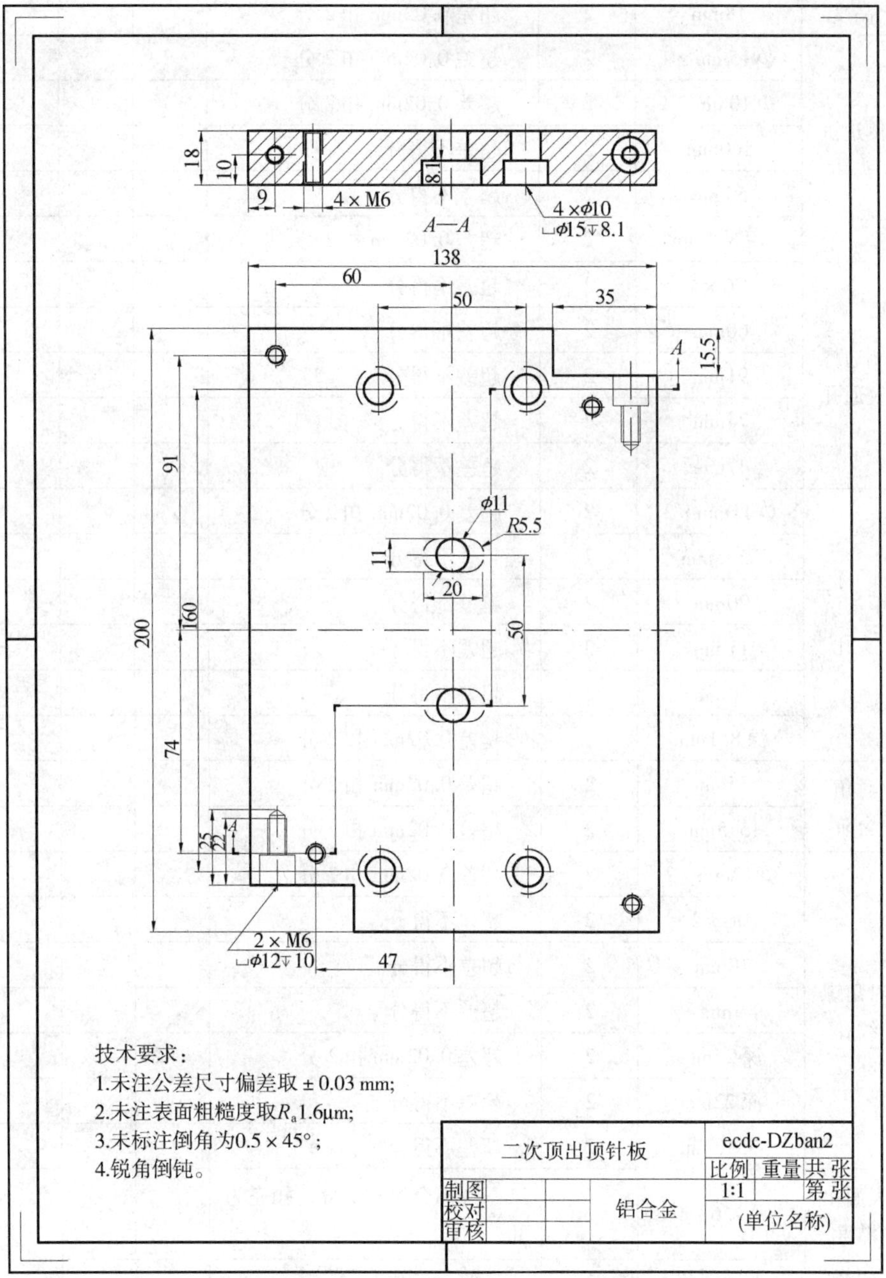

图 1－24　二次顶出顶针板零件设计图

表 1－18　二次顶出顶针板检测表

序号	检测项目	检测内容	配分	检测要求	学生自测		教师测评	
					自测	评分	检测	评分
1	长度	200mm	2	超差 0.02mm 扣 2 分				
2	宽度	138mm	2	超差 0.02mm 扣 2 分				
3	高度	18mm	2	超差 0.02mm 扣 2 分				
4	侧边沉头孔	ϕ 15mm ×4	2	超差 0.02mm 扣 2 分				
		ϕ 10mm ×4	2	超差 0.02mm 扣 2 分				
		160mm	2	超差不得分				
		50mm	2	超差不得分				
		深 8.1mm	2	超差 0.02mm 扣 2 分				
5	侧边螺纹通孔	M6 ×4	2	超差不得分				
		60mm	2	超差不得分				
		91mm	2	超差不得分				
		74mm	2	超差不得分				
		47mm	2	超差不得分				
6	中部沉头孔	ϕ 11mm ×2	2	超差 0.02mm 扣 2 分				
		R5.5mm	2	超差不得分				
		20mm	2	超差不得分				
		11mm	2	超差不得分				
		50mm	2	超差不得分				
		深 8.1mm	2	超差 0.02mm 扣 2 分				
7	对角台阶	35mm	2	超差 0.02mm 扣 2 分				
		15.5mm	2	超差 0.02mm 扣 2 分				
8	对角螺纹孔	ϕ 12mm ×2	2	超差 0.02mm 扣 2 分				
		M6 ×2	2	超差不得分				
		10mm	2	超差不得分				
		9mm	2	超差不得分				
		深 25mm	2	超差 0.02mm 扣 2 分				
		深 22mm	2	超差不得分				
		深 10mm	2	超差不得分				
9	表面粗糙度	R_a1.6μm	2	一处不合格扣 1 分，扣完为止				
10	倒角	未注倒角	2	不符合无分				
11	外形	工件完整性	5	漏加工一处扣 1 分				

续表 1－18

序号	检测项目	检测内容	配分	检测要求	学生自测		教师测评	
					自测	评分	检测	评分
12	时间	工件按时完成	5	未按时完成全扣				
13	加工工艺	加工工艺单	5	加工工艺单是否正确、规范				
		刀具及切削用量选择合理	5	刀具和切削用量不合理每项扣 1 分				
14	现场操作	安全操作	10	违反安全规程全扣				
		工量具使用	5	工量具使用错误一项扣 1 分				
		设备维护保养	5	未能正确保养全扣				
15	开始时间		结束时间		加工用时			
16	合计（总分）		100 分	机床编号		总得分		

任务三　动模板加工

1.3.1　任务描述

一、任务内容

企业接到加工 6 件二次顶出模具动模板的生产订单，图 1－25 所示为动模板零件设计图，要求在 1 天内按设计图完成所有动模板的加工，并保证动模板的加工质量。请根据动模板的设计图分析加工工艺，做好加工前的准备工作，编写加工工艺单，在计划时间内完成动模板的加工。

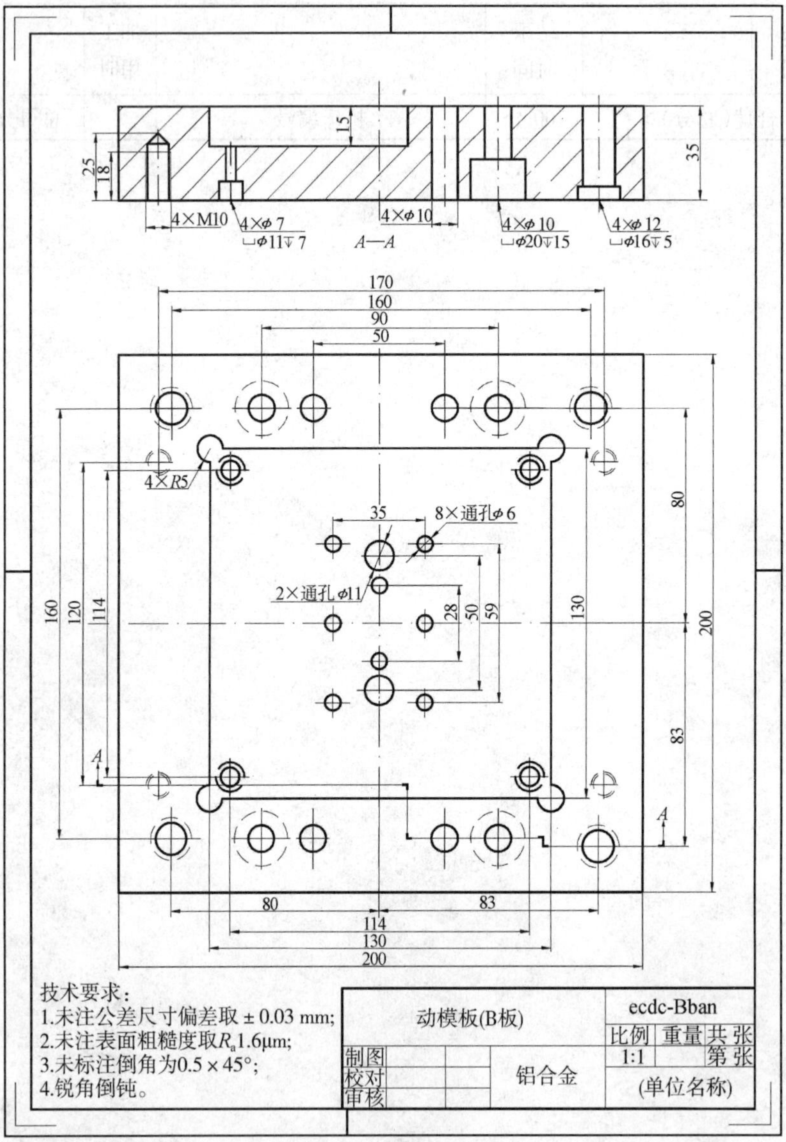

图 1－25　动模板零件设计图

二、任务目标

通过本次工作任务，学生能够熟练完成以下工作：

(1)根据动模板设计图，分析加工工艺；

(2)根据动模板的加工工艺，完成加工前准备工作；

(3)编写加工工艺单，选用合适的工量具与机床完成动模板的加工，并保证加工质量；

(4)运用相应的工量具检测动模板的尺寸精度、形状精度、位置精度、表面粗糙度等。

1.3.2 任务准备

一、技能知识

1. 压板装夹

对于形状尺寸较大或不便于用机用虎钳装夹的工件，常用压板将其安装在铣床工作台台面上进行加工(如图1-26所示)。

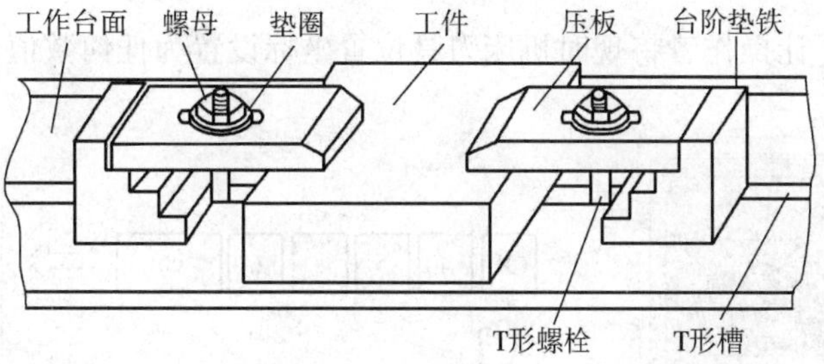

图1-26 压板结构

(1)压板螺栓应尽量靠近工件，使螺栓到工件的距离小于螺栓到垫铁的距离，这样会增大夹紧力。

(2)垫铁的选择要正确，高度与工件相同或高于工件，否则会影响夹紧效果。

(3)压板夹紧工件时，应在工件和压板之间垫放铜皮，以避免损伤工件的已加工表面。

(4)压板的夹紧位置要适当，应尽量靠近加工区域和工件刚度较好的位置。若夹紧位置有悬空，应将工件垫实。

(5)每个压板的夹紧力大小应均匀，以防止压板夹紧力的偏移而使压板倾斜。

(6)夹紧力的大小应适当，过大时会使工件变形，过小时达不到夹紧效果，夹紧力大小严重不当时会造成事故。

2. 铣床电子尺

铣床电子尺也叫光栅尺，是一种安装于铣床的工作台与主轴移动导轨上，检测工作台与主轴的位移数据并传输到数显装置(如图1-27)上的位移传感器，主要在加工时起到辅助刀具定位的作用。其基本操作方法为：

(1)清零：操作者在任何位置都可通过X_0、Y_0、Z_0按键将相应的X、Y、Z轴显示坐标清零。

(2)公/英制显示：将显示的位置尺寸，通过按钮in/mm切换公制(mm)或英制(inch)作单位。

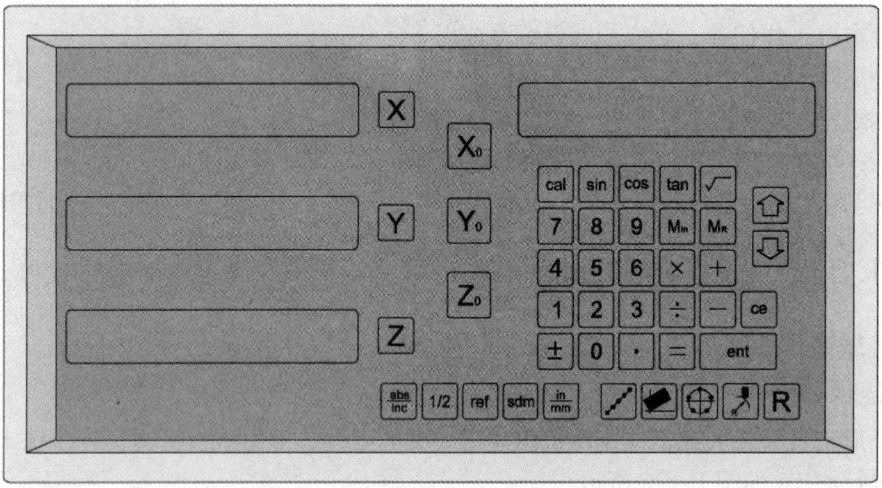

图 1－27　铣床电子尺数显操作界面

(3)输入坐标：让操作者将现时机床刀具位置坐标设置为任何数值，如图 1－28 所示。

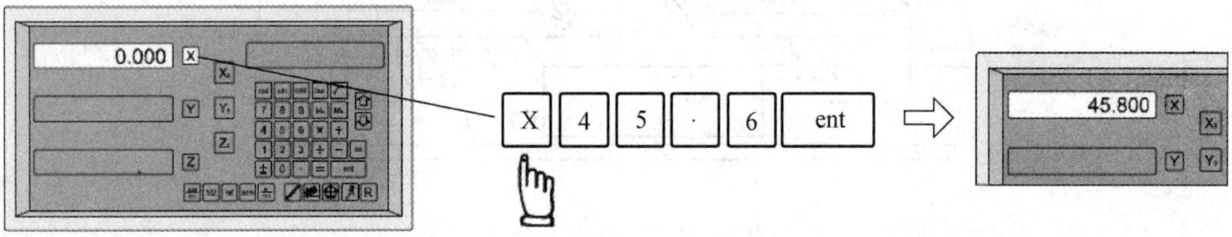

图 1－28　输入坐标

(4)自动分中：让数显表提供自动分中功能，可将现时的显示位置坐标除以 2，令零点设立于工件的中心。如将 *X* 轴的零点设立于工件的中心，其操作步骤为：

①将分中棒对准工件 *X* 轴方向的一边，然后 *X* 轴坐标清零，如图 1－29 所示。

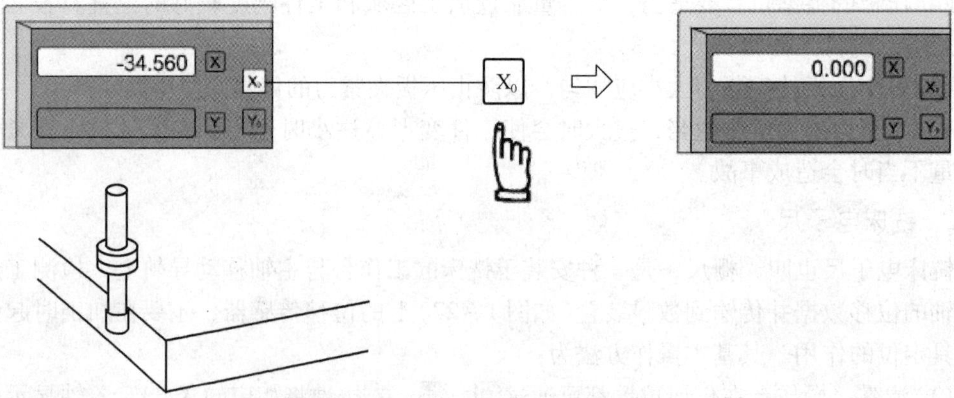

图 1－29　*X* 轴坐标清零

②将分中棒对准工件 X 轴方向的另一边，将现时的 X 轴坐标显示数除以 2，如图 1 - 30 所示。

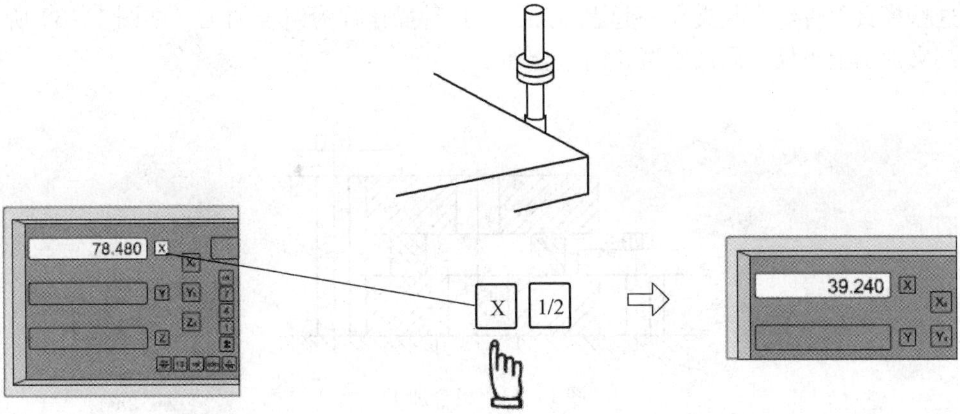

图 1 - 30　X 轴坐标分中

③移动刀具到 X 轴坐标显示为 0 的位置，此处便是工件的中心，如图 1 - 31 所示。

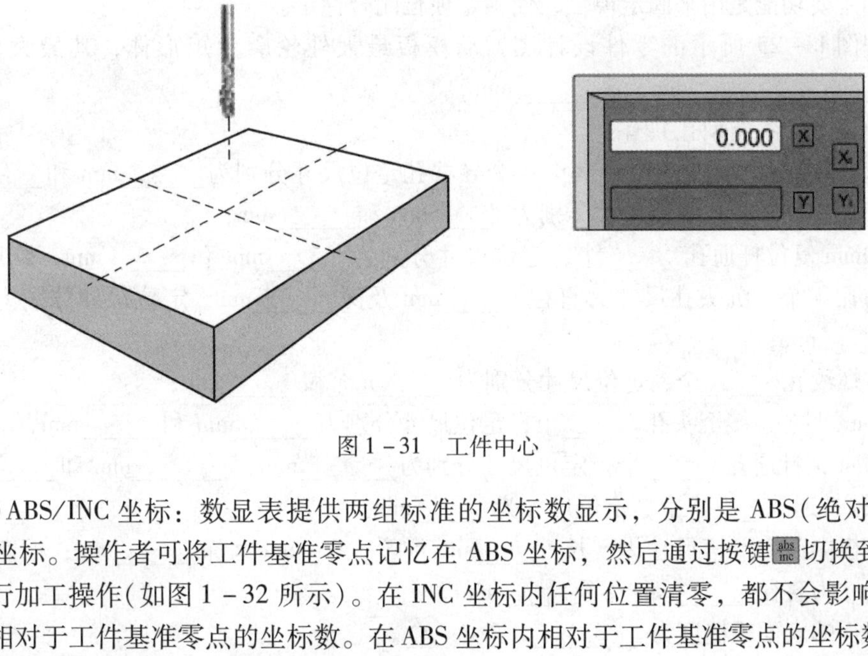

图 1 - 31　工件中心

(5) ABS/INC 坐标：数显表提供两组标准的坐标数显示，分别是 ABS(绝对)及 INC (相对)坐标。操作者可将工件基准零点记忆在 ABS 坐标，然后通过按键 abs/inc 切换到 INC 坐标内进行加工操作(如图 1 - 32 所示)。在 INC 坐标内任何位置清零，都不会影响 ABS 坐标内的相对于工件基准零点的坐标数。在 ABS 坐标内相对于工件基准零点的坐标数于整个加工过程中都会保存，操作者可以随时查看核对。

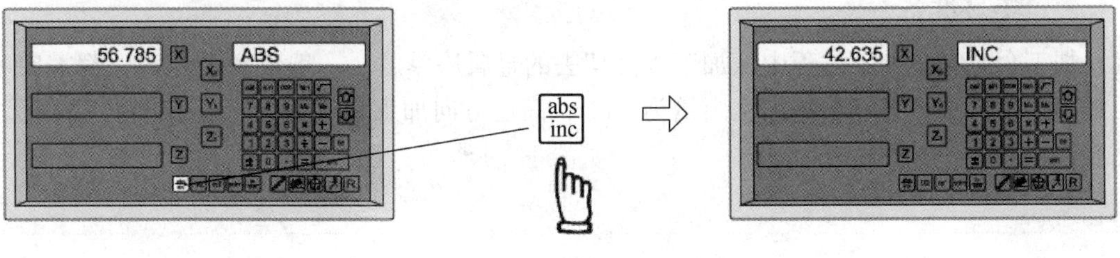

图 1 - 32　ABS/INC 坐标及按键

3. 组合加工

在加工模具时，为保证部分模具部件(如动模板与顶针固定板)相对应部位上下同心，需把这些模具部件组合装夹在一起进行加工，这种操作称为组合加工。如图 1 - 33 所示为一次装夹加工上下模不同尺寸型孔的组合加工。

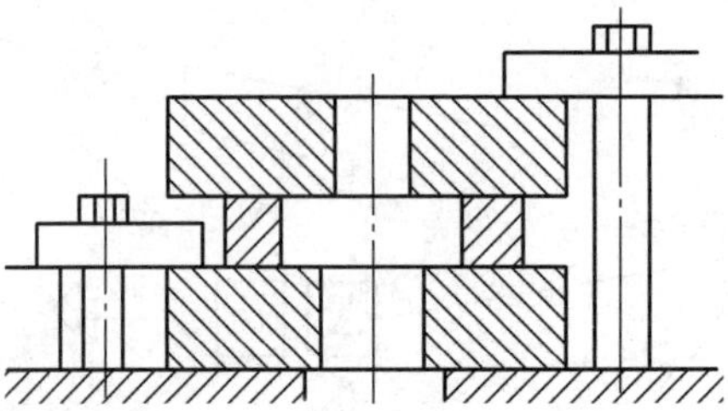

图 1 - 33　组合加工

二、设计图分析

动模板也叫模框板，模板上有导柱，精定位等其它零件，模板中间有个槽用来装模仁，它的主要功能是用来固定模仁，使动定模仁闭合稳定。

根据图 1 - 25 所示的零件设计图，动模板最大外轮廓为矩形体，其最大尺寸为：长______mm × 宽______mm × 高______mm。

动模板上的各类型孔共有：

Φ 12mm 导柱孔______个，其中 3 个导柱孔定位尺寸分别为______mm 和______mm，另一组特殊定位导柱孔定位尺寸分别为______mm 和______mm；

Φ 10mm 复位杆通孔______个，定位尺寸分别为______mm 和______mm；Φ 10mm 复位杆沉头孔 4 个，沉头孔尺寸为直径______mm 及深______mm，定位尺寸分别为______mm 和______mm；

M10 螺纹孔______个，定位尺寸分别为______mm 和______mm；

Φ 7mm 型芯连接沉头孔______个，定位尺寸分别为______mm 和______mm；

Φ 6mm 顶针通孔______个，定位尺寸分别为______mm、______mm 和______mm；Φ 11mm 顶针通孔______个，定位尺寸为______mm。

动模板中部方形槽尺寸为：长______mm × 宽______mm × 深______mm；槽四角有避空孔，尺寸为直径______mm 及深______mm。

动模板的表面粗糙度为________________。

动模板选用________________材料进行加工。

三、毛坯准备

加工余量是指加工过程中从加工表面切去的金属层厚度，一般准备毛坯时，都需要考虑加工余量。本次毛坯长宽加工余量为 3mm，高度方向加工余量为 5mm，在图 1 - 34 标注毛坯尺寸。

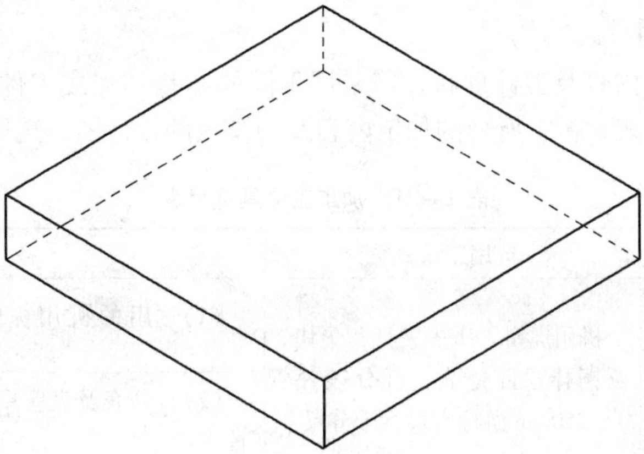

图 1－34　动模板毛坯尺寸

四、机床设备选用

请根据图 1－25 所示的零件设计图，选择合适的机床进行动模板的加工，并填写入加工设备选用表(表 1－19)。

表 1－19　加工设备选用表

序号	加工内容	选用设备	原　因
1	矩形外轮廓 方形槽	普通铣床	矩形外轮廓形状简单，可用普通立式铣床完成 6 个平面的加工 方形槽的加工可通过电子尺控制刀具路径长度，保证加工精度
2	各类型孔	普通铣床	各类型孔的加工可通过电子尺控制加工刀具精确定位

五、加工刀具选择

针对不同的加工内容及工件形状，需采用不同的刀具完成加工，请参照动模板设计图(图 1－25)及技术要求，选择合适的加工刀具，并填写入表 1－20。

表 1－20　加工刀具选用表

序号	加工内容	选用刀具	备　注
1	矩形外轮廓	ϕ60 盘铣刀 倒角刀	盘铣刀：用于铣削工件尺寸较大的平面 倒角刀：用于为工件棱边倒角的铣削加工
2	方形槽	ϕ10 麻花钻、ϕ16 麻花钻 ϕ16 立铣刀、ϕ8 立铣刀	ϕ10 麻花钻加工避空孔 ϕ16 麻花钻加工插入孔，方便ϕ16 立铣刀进刀切削 ϕ8 立铣刀用于方形槽精加工
3	各类型孔		请根据动模板设计图，选择加工各类型孔所需的中心钻、麻花钻、铰刀、立铣刀、丝锥等刀具

六、工量具准备

针对不同的加工内容及工件形状，需采用不同的工量具完成工件装夹、定位、校正、测量等操作，请根据表 1－21 所列的加工内容及动模板的设计图，选用合适的工量具。

表 1－21　加工工量具选用表

序号	加工内容	选用工量具	备　注
1	矩形外轮廓及方形槽	机用虎钳、压板夹具、垫块、圆铜棒、百分表、百分表座、0～250mm 游标卡尺、千分尺	(1)选用的机用虎钳最大夹紧范围为： ____________ (2)百分表及表座用于工件调头装夹时的校正
2	通孔、沉头孔及螺纹孔	划针、高度游标卡尺、样冲、铁锤、钢直尺、机用虎钳、铜垫片、垫块、内径千分尺、游标卡尺、螺纹塞规	螺纹塞规用于内螺纹尺寸的测量

1.3.3　计划与实施

运用所学的加工知识，参照动模板零件设计图(图 1－25)，分析动模板的加工工艺，并把分析结果按工序填入零件加工工艺单(表 1－22)。

表 1－22　零件加工工艺单

序号	加工内容（包括装夹方式）	刀具规格	机床设备	主轴转速（r/min）	进给速度（mm/min）	背吃刀量（mm）	精加工余量（mm）	备　注
1	机用虎钳装夹工件顶面 *A* 与底面 *B*，进行 *CDEF* 四个侧面的平面铣削	Φ60 盘铣刀	普通铣床	300	60	2	0.3	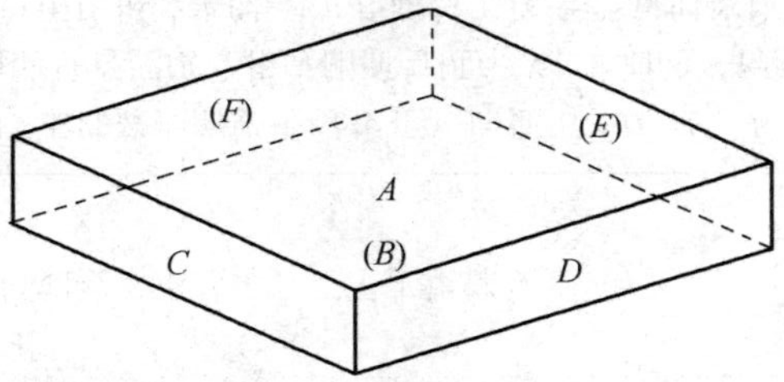 图 1－35　矩形外轮廓 注：（1）带括号的字母为工件视图背面的标注 （2）装夹工件 *AB* 面表示工件的 *A* 面与 *B* 面贴合夹爪面进行装夹 （3）完成 *C* 面铣削后，调头装夹（工件 *AB* 面贴合夹爪，*D* 面朝上）准备加工 *D* 面。加工前用固定在主轴上的百分表在 *C* 面表面拉垂直线和水平线，校正 *C* 面的垂直度以及 *C* 面与机床 *Y* 轴的平行度。校正好 *C* 面后再平面铣削 *D* 面。以此类推，加工 *E*、*F* 面时均要进行同样的工件校正
2	用压板装夹工件 *B* 面，*A* 面朝下		普通铣床					（1）工件装夹前要进行校正，保证 *C*、*D*、*E*、*F* 四个侧面的垂直度以及相应侧面与机床 *X*、*Y* 轴的平行度 （2）用压板装夹时，在 *A* 面与工作台之间加垫块，使 *A* 面与各孔对应的部位悬空，避免加工孔时与工作台干涉 （3）安放垫块的位置要与压板相对，避免装夹不稳或工件变形

续表 1 – 22

序号	加工内容（包括装夹方式）	刀具规格	机床设备	主轴转速（r/min）	进给速度（mm/min）	背吃刀量（mm）	精加工余量（mm）	备　注
3	平面铣削工件 B 面	Φ60 盘铣刀	普通铣床	300	60	2	0.3	（1）在平面铣削 B 面时，要注意避免干涉压板。等铣削完 B 面的大部分后，再把压板移动到已加工表面装夹，彻底完成 B 面的铣削 （2）压板的移动要逐一进行，移动一个压板并夹紧后再移动下一个压板，以保证工件位置固定不变
4	加工动模板上的各类型孔（不包括中部的顶针通孔）		普通铣床	钻孔：200 扩孔：600 铰孔：50	60			（1）请根据设计图与加工要求，选择加工各类型孔的刀具并填入刀具规格单元格中 （2）加工内容包括：①Φ 12mm 导柱孔；②Φ 10mm 复位杆通孔，Φ 10mm 复位杆沉头孔；③M10 螺纹孔；④Φ 7mm 型芯连接沉头孔 （3）加工各类型孔之前，可通过分中棒与电子尺进行工件的自动分中，并参照动模板设计图（图 1 – 25）确定各孔的 ABS（绝对）坐标，然后用中心钻在各孔中心钻定位孔 （4）如技术不熟练，可手工攻螺纹
5	调头装夹工件，压板夹紧 A 面，B 面朝下		普通铣床					（1）工件装夹前要进行校正，保证 C、D、E、F 四个侧面的垂直度以及相应侧面与机床 X、Y 轴的平行度 （2）用压板装夹时，在 B 面与工作台之间加垫块，使 B 面悬空，避免加工时与工作台干涉 （3）安放垫块的位置要与压板相对，避免装夹不稳或工件变形

续表 1－22

序号	加工内容（包括装夹方式）	刀具规格	机床设备	主轴转速（r/min）	进给速度（mm/min）	背吃刀量（mm）	精加工余量(mm)	备　注
6	方形槽粗加工	ϕ 10 麻花钻、ϕ 16 麻花钻、ϕ 16 立铣刀	普通铣床	钻削：200 铣削：800	钻削：60 铣削：200	铣削深度：4.9	0.3	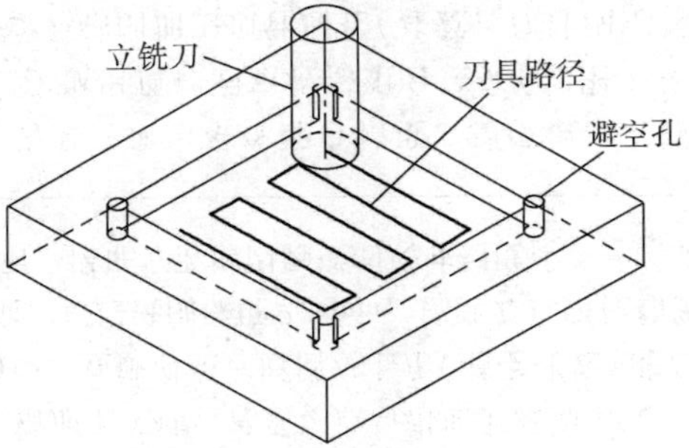 图 1－36　粗加工刀具路径 （1）通过分中棒与电子尺对工件自动分中，确定工件坐标系零点 （2）用ϕ 10 麻花钻加工方形槽四个对角的避空孔，钻削深度为 15mm（不包括钻尖） （3）用ϕ 16 麻花钻在方形槽左上角钻插入孔，钻孔深度为：15mm（包括钻尖），坐标为（x－56.7，y－56.7），注意内壁留精加工余量 （4）ϕ 16 立铣刀对正插入孔中心进刀，分层铣削，铣削刀具路径如图 1－36 所示。每层切削深度 4.9mm，最后一层铣削深度为 0.3mm，保证方形槽底面深度。方形槽四侧内壁留精加工余量 0.3mm

续表 1 - 22

序号	加工内容 （包括装夹方式）	刀具 规格	机床 设备	主轴转速 （r/min）	进给速度 （mm/min）	背吃刀量 （mm）	精加工余 量（mm）	备　注
7	方形槽精加工	ϕ8 立 铣刀	普通 铣床	1000	200	铣削深度： 7.5	0	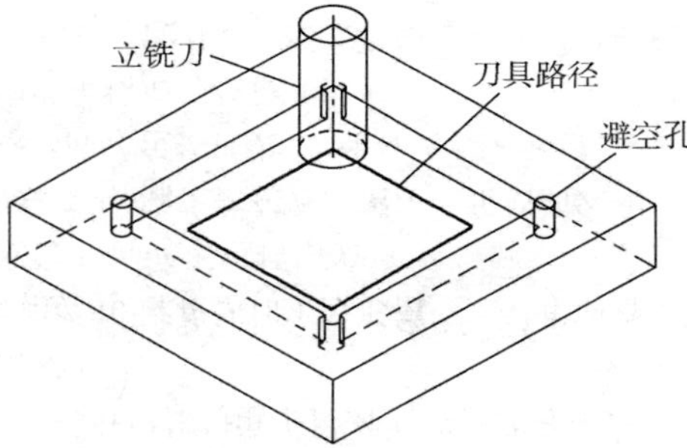 图 1 - 37　精加工刀具路径 （1）精加工工件坐标系零点与粗加工保持一致 （2）ϕ8 立铣刀在方形槽左上角（避空孔处）进刀，分层铣削，每层铣削深度 7.5mm，铣削刀具路径如图 1 - 37 所示，保证方形槽内侧壁的尺寸精度
8	中部顶针通孔组合加工		普通 铣床					（1）为保证顶出系统配合精度，动模板、顶针固定板、二次顶出顶针固定板需组合装夹（如图 1 - 33 所示），统一钻削加工顶针通孔（注意：顶针固定板的部分顶针孔与二次顶出顶针固定板的不相同） （2）请根据设计图及加工要求，选择顶针通孔加工刀具，设定加工要素

1.3.4 评价反馈

一、零件检测

参照表 1－23 所示的动模板零件检测表，运用合适的工量具对完成加工的动模板进行精度检测，确定加工出来的动模板是否为合格零件。

表 1－23 动模板零件检测表

序号	检测项目	检测内容	配分	检测要求	学生自测		教师测评	
					自测	评分	检测	评分
1	长度	200mm	2	超差 0.02mm 扣 2 分				
2	宽度	200mm	2	超差 0.02mm 扣 2 分				
3	高度	35mm	2	超差 0.02mm 扣 2 分				
4	方槽轮廓	长 130mm	4	超差 0.02mm 扣 2 分				
		宽 130mm	4	超差 0.02mm 扣 2 分				
		深 15mm	2	超差 0.02mm 扣 2 分				
		$R5$mm ×4	2	超差 0.02mm 扣 2 分				
5	方槽顶针通孔	ϕ6mm ×8	3	超差 0.02mm 扣 2 分				
		ϕ11mm ×2	3	超差 0.02mm 扣 2 分				
		横 59mm	1	超差不得分				
		横 50mm	1	超差不得分				
		横 28mm	1	超差不得分				
		纵 35mm	1	超差不得分				
6	方槽沉头孔	ϕ11mm ×4	2	超差 0.02mm 扣 2 分				
		ϕ7mm ×4	2	超差 0.02mm 扣 2 分				
		横 114mm	1	超差不得分				
		纵 114mm	1	超差不得分				
		7mm	2	超差 0.02mm 扣 2 分				
7	侧边复位杆通孔	ϕ10mm ×4	3	超差 0.02mm 扣 2 分				
		横 50mm	1	超差不得分				
		纵 80mm	1	超差不得分				
8	侧边复位杆沉头孔	ϕ10mm ×4	2	超差 0.02mm 扣 2 分				
		ϕ20mm ×4	2	超差 0.02mm 扣 2 分				
		ϕ12mm ×4	2	超差 0.02mm 扣 2 分				
		ϕ16mm ×4	2	超差 0.02mm 扣 2 分				
		横 160mm	1	超差不得分				
		横 90mm	1	超差不得分				
		横 83mm	1	超差不得分				
		纵 80mm	1	超差不得分				
		纵 83mm	1	超差不得分				
		深 15mm	2	超差 0.02mm 扣 2 分				
		深 5mm	2	超差 0.02mm 扣 2 分				

续表 1-23

序号	检测项目	检测内容	配分	检测要求	学生自测		教师测评	
					自测	评分	检测	评分
9	螺纹孔	M10	2	超差 0.02mm 扣 2 分				
		25mm	1	超差不得分				
		18mm	1	超差不得分				
		170mm	1	超差不得分				
		120mm	1	超差不得分				
10	表面粗糙度	$R_a1.6\mu m$	1	一处不合格扣 1 分，扣完为止				
11	倒角	未注倒角	1	不符合无分				
12	外形	工件完整性	2	漏加工一处扣 1 分				
13	时间	工件按时完成	2	未按时完成全扣				
14	加工工艺	加工工艺单	5	加工工艺单是否正确、规范				
		刀具及切削用量选择合理	5	刀具和切削用量不合理每项扣 1 分				
15	现场操作	安全操作	10	违反安全规程全扣				
		工量具使用	5	工量具使用错误一项扣 1 分				
		设备维护保养	5	未能正确保养全扣				
16	开始时间		结束时间		加工用时			
17	合计(总分)		100 分	机床编号		总得分		

二、学生自评

学生自评表中列出本次工作任务所涉及的主要知识点与技能，请参照表 1-24 进行评价与自我反思。

表 1-24　学生自评表

序号	知识点与技能	是否掌握	优缺点反思
1	压板夹具应用		
2	铣床电子尺应用		
3	模板组合加工		
4	工件校正		
5	方形内槽铣削		

三、教师评价

____

____

____

1.3.5 任务拓展

一、定模面板加工

图 1-38 所示为模具定模面板零件设计图，请根据此设计图分析定模面板的加工工艺，编写加工工艺单，完成定模面板的加工。

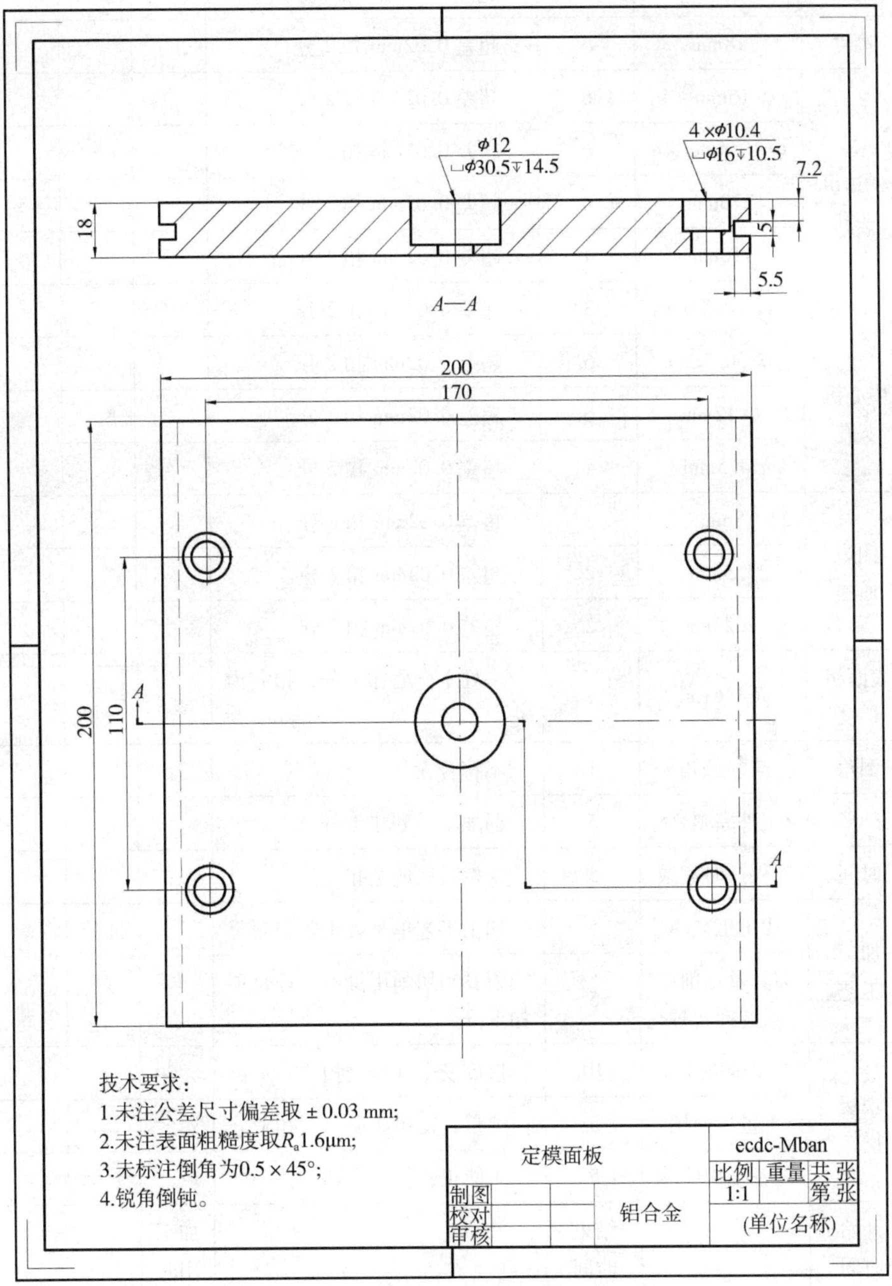

图 1-38 定模面板零件设计图

表 1-25　定模面板检测表

序号	检测项目	检测内容	配分	检测要求	学生自测		教师测评	
					自测	评分	检测	评分
1	长度	200mm	4	超差 0.02mm 扣 2 分				
2	宽度	200mm	4	超差 0.02mm 扣 2 分				
3	高度	18mm	4	超差 0.02mm 扣 2 分				
4	侧边沉头孔	ϕ 16mm ×4	6	超差 0.02mm 扣 2 分				
		ϕ 10.4mm ×4	6	超差 0.02mm 扣 2 分				
		170mm	4	超差 0.02mm 扣 2 分				
		110mm	4	超差 0.02mm 扣 2 分				
		深 10.5mm	3	超差 0.02mm 扣 2 分				
5	中心沉头孔	ϕ 30.5mm	6	超差 0.02mm 扣 2 分				
		ϕ 12mm	6	超差 0.02mm 扣 2 分				
		14.5mm	4	超差 0.02mm 扣 2 分				
6	侧边通槽	5mm	3	超差 0.02mm 扣 2 分				
		5.5mm	2	超差 0.02mm 扣 2 分				
		7.2mm	2	超差 0.02mm 扣 2 分				
7	表面粗糙度	$R_a 1.6\mu m$	1	一处不合格扣 1 分，扣完为止				
8	倒角	未注倒角	1	不符合无分				
9	外形	工件完整性	5	漏加工一处扣 1 分				
10	时间	工件按时完成	5	未按时完成全扣				
11	加工工艺	加工工艺单	5	加工工艺单是否正确、规范				
		刀具及切削用量选择合理	5	刀具和切削用量不合理每项扣 1 分				
12	现场操作	安全操作	10	违反安全规程全扣				
		工量具使用	5	工量具使用错误一项扣 1 分				
		设备维护保养	5	未能正确保养全扣				
13	开始时间		结束时间		加工用时			
14	合计(总分)		100 分	机床编号		总得分		

二、动模底板加工

图 1－39 所示为模具动模底板零件设计图，请根据此设计图分析动模底板的加工工艺，编写加工工艺单，完成动模底板的加工。

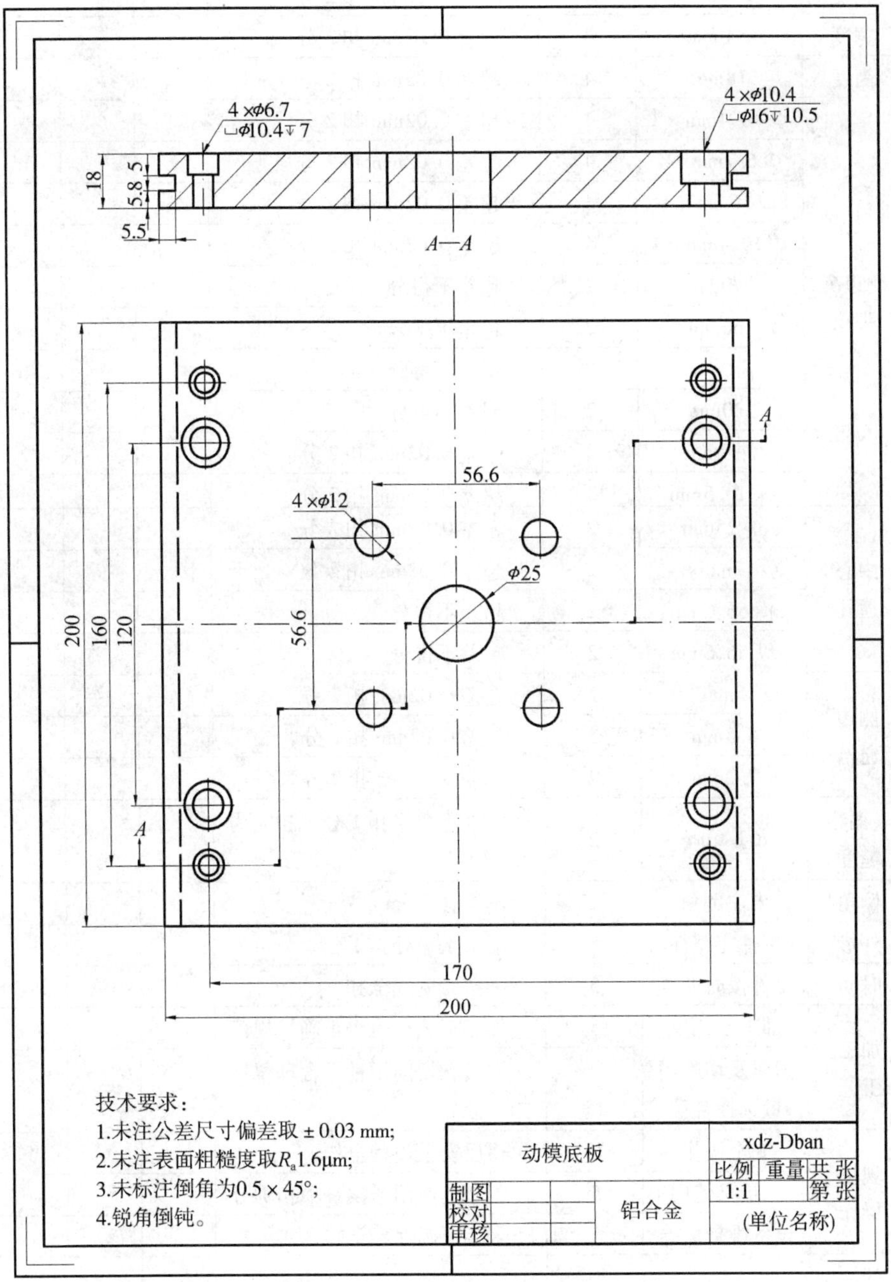

图 1－39　动模底板零件设计图

表1－26　动模底板检测表

序号	检测项目	检测内容	配分	检测要求	学生自测		教师测评	
					自测	评分	检测	评分
1	长度	200mm	4	超差0.02mm扣2分				
2	宽度	200mm	4	超差0.02mm扣2分				
3	高度	18mm	4	超差0.02mm扣2分				
4	侧边沉头孔	ϕ10.4mm×4	4	超差0.02mm扣2分				
		ϕ6.7mm×4	4	超差0.02mm扣2分				
		ϕ16mm×4	4	超差0.02mm扣2分				
		ϕ10.4mm×4	4	超差0.02mm扣2分				
		170mm	2	超差不得分				
		160mm	2	超差不得分				
		170mm	2	超差不得分				
		120mm	2	超差不得分				
		深7mm	3	超差0.02mm扣2分				
		深10.5mm	3	超差0.02mm扣2分				
5	中心通孔	ϕ25mm	2	超差0.02mm扣2分				
		ϕ12mm×4	2	超差0.02mm扣2分				
		横56.6mm	2	超差不得分				
		纵56.6mm	2	超差不得分				
6	侧边通槽	5mm	2	超差0.02mm扣2分				
		5.5mm	2	超差0.02mm扣2分				
		7.2mm	2	超差0.02mm扣2分				
7	表面粗糙度	R_a1.6μm	2	一处不合格扣1分，扣完为止				
8	倒角	未注倒角	2	不符合无分				
9	外形	工件完整性	5	漏加工一处扣1分				
10	时间	工件按时完成	5	未按时完成全扣				
11	加工工艺	加工工艺单	5	加工工艺单是否正确、规范				
		刀具及切削用量选择合理	5	刀具和切削用量不合理每项扣1分				
12	现场操作	安全操作	10	违反安全规程全扣				
		工量具使用	5	工量具使用错误一项扣1分				
		设备维护保养	5	未能正确保养全扣				
13	开始时间		结束时间		加工用时			
14	合计(总分)		100分	机床编号		总得分		

任务四 导柱加工

1.4.1 任务描述

一、任务内容

企业接到加工 24 个二次顶出模具导柱的生产订单，图 1－40 为导柱零件设计图，要求在 1 天内按设计图完成所有导柱的加工，并保证导柱的加工质量。请根据导柱的设计图分析加工工艺，做好加工前的准备工作，编写加工工艺单，在计划时间内完成导柱的加工。

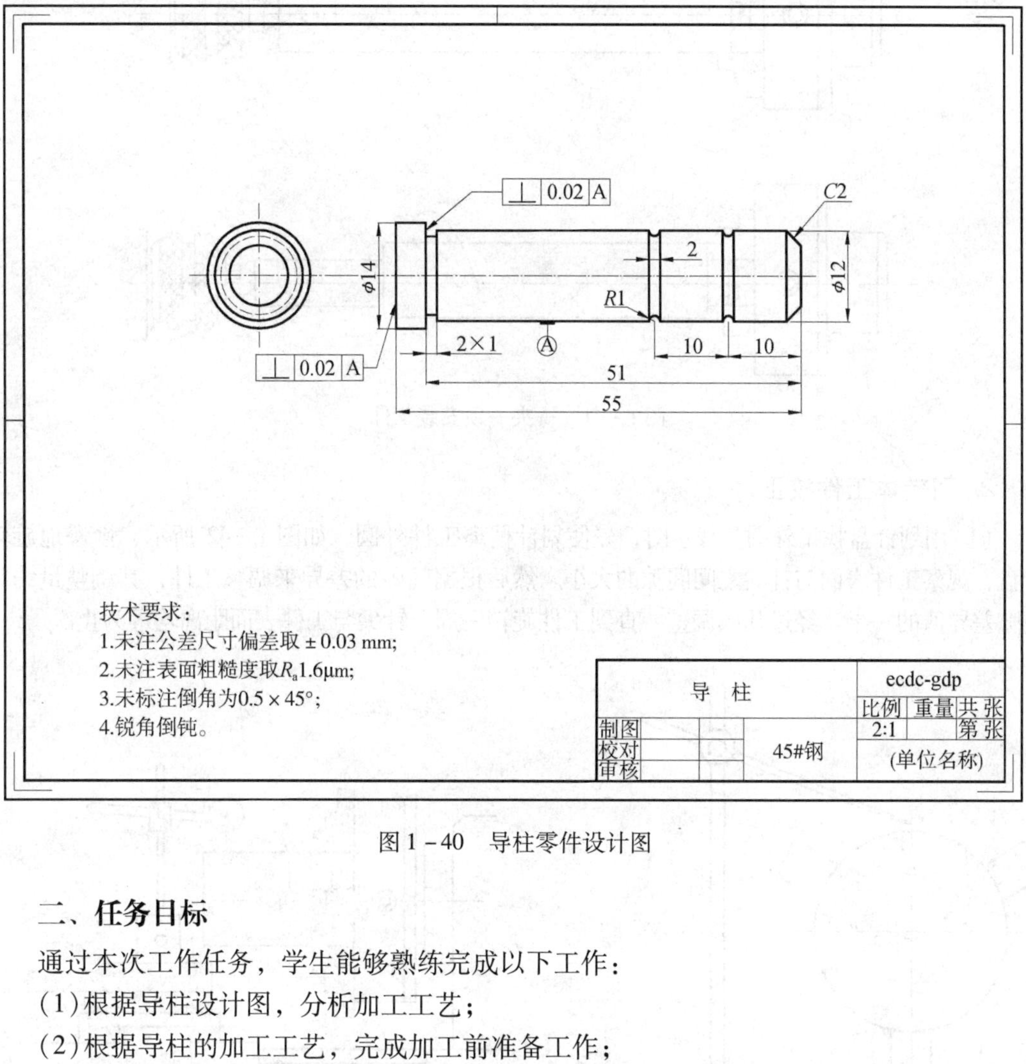

图 1－40 导柱零件设计图

二、任务目标

通过本次工作任务，学生能够熟练完成以下工作：

(1)根据导柱设计图，分析加工工艺；

(2)根据导柱的加工工艺，完成加工前准备工作；

(3)编写加工工艺单，选用合适的工量具与机床完成导柱的加工，并保证加工质量；

(4)运用相应的工量具检测导柱的尺寸精度、形状精度、位置精度、表面粗糙度等。

1.4.2 任务准备

一、技能知识

1. 一夹一顶装夹工件

在车削较重、较长的轴体零件时，可采用一端夹持，另一端用后顶尖顶住的方式安装工件，这样会使工件更为稳固，从而能选用较大的切削用量进行加工。为了防止工件因切削力作用而产生轴向窜动，必须在卡盘内装一限位支承，或用工件的台阶作限位。如图 1－41 所示。此装夹方法比较安全，能承受较大的轴向切削力，故应用很广泛。

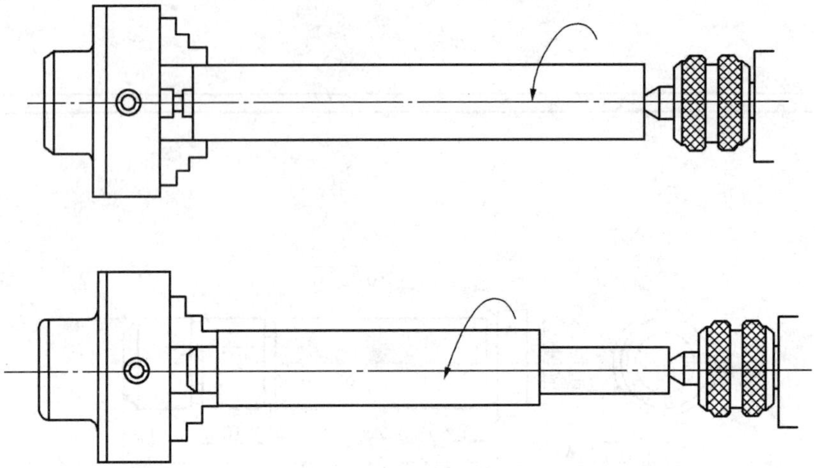

图 1－41 一夹一顶安装工件

2. 回转体工件校正

(1) 用划针盘找正外圆。找正时，先使划针稍离工件外圆，如图 1－42 所示，慢慢地旋转卡盘，观察工件表面与针尖之间间隙的大小。然后根据间隙的差异来调整工件，其调整量约为间隙差异值的一半。经过几次调整，直到工件旋转一周，针尖与工件表面距离均等为止。

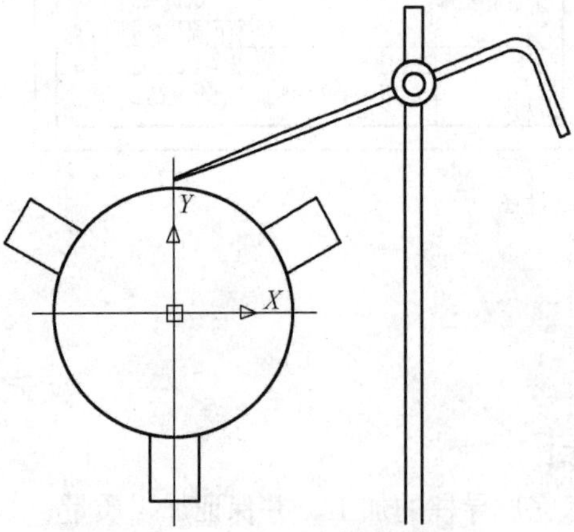

图 1－42 划针盘校正工件

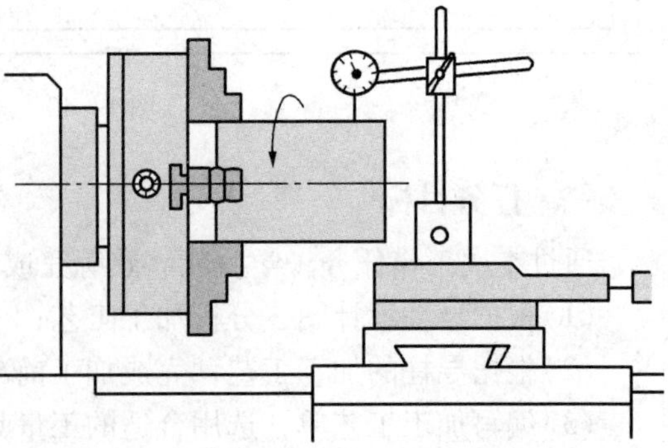

图 1－43 百分表校正工件

(2)用百分表校正外圆的方法与用划针盘找正外圆相似，但百分表的探针要轻压外圆表面(如图1-43所示)，缓慢旋转工件，根据百分表的读数确定外圆面的径向跳动，并依此调整工件。

二、设计图分析

模具中的导柱也叫导向柱，其作用是引导模具的上模与下模以正确位置对合。

根据图1-40所示的零件设计图，导柱最大外轮廓为回转体，其最大尺寸为直径______mm×长______mm。

导柱有两级外圆，其中直径为ϕ12mm的外圆长度为______mm，直径为ϕ14mm的外圆长度为______mm。

导柱上有两条圆弧成型槽，圆弧半径为______mm，宽______mm，定位尺寸为______mm和______mm。

导柱上有一条直槽，宽______mm，深______mm，定位尺寸为______mm。

导柱的表面粗糙度为________________。

导柱选用________________材料进行加工。

三、毛坯准备

本次毛坯为圆柱体，直径加工余量为3mm，长度方向加工余量考虑到装夹、切断及加工精度，取15mm，在图1-44中标注毛坯尺寸。

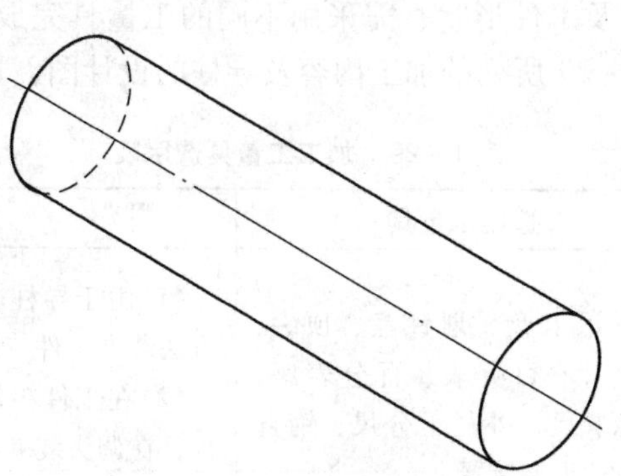

图1-44　导柱毛坯尺寸

四、机床设备选用

请根据图1-40所示的零件设计图，选择合适的机床进行导柱加工，并填写入加工设备选用表(表1-27)。

表1-27　加工设备选用表

序号	加工内容	选用设备	原　因
1	回转体外形	普通车床	导柱外形为简单的回转体，可用普通车床进行加工

五、加工刀具选择

针对不同的加工内容及工件形状，需采用不同的刀具完成加工，请参照导柱零件设计图(图1－40)及技术要求，选择合适的加工刀具，并填写入加工刀具选用表(表1－28)。

表1－28　加工刀具选用表

序号	加工内容	选用刀具	备　注
1	台阶圆柱面	90°直角刀、45°弯头刀、切断刀、中心钻	(1)90°直角刀用于加工外圆与端面 (2)45°弯头刀用于倒角 (3)切断刀用于分离工件已加工部分和夹持部分 (4)中心钻用于加工中心顶尖孔
2	外圆沟槽	切槽刀、成型切槽刀	(1)切槽刀用于加工直角沟槽，需把主切削刃的刃宽磨成2mm (2)成型切槽刀用于加工圆弧沟槽，主切削刃需刃磨成 *R*1mm 的圆弧

六、工量具准备

针对不同的加工内容及工件形状，需采用不同的工量具完成工件装夹、定位、校正、测量等操作，请根据表1－29所列的加工内容及导柱的设计图，选用合适的工量具。

表1－29　加工工量具选用表

序号	加工内容	选用工量具	备　注
1	回转体外形	三爪卡盘、划针盘、顶尖、铜垫片、百分表、百分表座、游标卡尺、外径千分尺、钢直尺、钻头夹持器	(1)由于导柱较长，可采用一夹一顶安装方法装夹工件，以保证加工质量 (2)在工件粗加工时，可用划针盘校正工件；在调头装夹加工时，应用百分表校正工件

1.4.3　计划与实施

运用所学的加工知识，参照导柱零件设计图(图1－40)，分析导柱的加工工艺，并把分析结果按工序填入零件加工工艺单(表1－30)。

表 1 -30　零件加工工艺单

序号	加工内容（包括装夹方式）	刀具规格	机床设备	主轴转速（r/min）	进给速度（mm/min）	背吃刀量（mm）	精加工余量（mm）	备　注
1	三爪卡盘装夹工件		普通车床					（1）为了保证ϕ 12mm 和ϕ 14mm 外圆的同轴度，两级外圆应在一次装夹中完成加工，同时考虑到留端面加工余量及工件切断尺寸，所以毛坯的装夹长度应控制在 5 ～ 7mm （2）用划针盘校正工件，校正好后开启主轴旋转，观察毛坯圆跳动情况，如跳动较大，需停机继续校正
2	端面车削	90°直角刀	普通车床	200	50	0. 5	0. 3	（1）因毛坯伸出卡盘的部分较长，刚性较差，背吃刀量与进给速度应取较小，避免工件变形 （2）车刀安装时刀尖应保证与工件旋转轴线对齐，否则，将使车刀工作时的前角和后角发生改变，且无法完成端面的加工（如图 1 -45 所示） 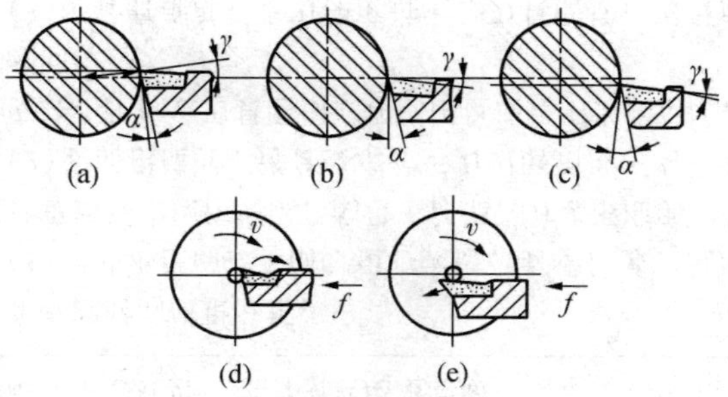 图 1 -45　车刀刀尖相对工件中心的图示
3	中心顶尖孔加工	中心钻	普通车床	800	60			（1）因中心钻直径较小，无法直接安装在车床尾座套筒中，需采用钻头夹持器 （2）钻中心孔时，主轴转速要取较高值，以保证中心定位

续表 1－30

序号	加工内容 (包括装夹方式)	刀具 规格	机床 设备	主轴转速 (r/min)	进给速度 (mm/min)	背吃刀量 (mm)	精加工余 量(mm)	备　注
4	用顶尖夹持毛坯		普通 车床					把顶尖装夹于尾座套筒中，推动尾座靠近毛坯后，把尾座锁定。转动尾座手轮使顶尖前移，把顶尖压紧在毛坯端面中心孔处，然后锁紧尾座套筒
5	ϕ 14 外圆车削	90°直 角刀	普通 车床	粗加工： 360 精加工： 800	100	1	0.3	车外圆时的质量分析： (1)尺寸不正确：车削时粗心大意，看错尺寸；刻度盘计算错误或操作失误；测量不仔细，方法不准确 (2)表面粗糙度不符合要求：车刀刃磨角度不对；刀具安装不正确、刀具磨损或切削用量选择不当；车床各部分间隙过大 (3)外径有锥度：吃刀深度过大，刀具磨损；刀具或拖板松动；用小拖板车削时，转盘下基准线不对准“0”线；两顶尖车削时床尾“0”线不在轴心线上；精车时加工余量不足
6	ϕ 12 台阶外圆车削，倒角	90°直 角刀、 45°弯 头刀	普通 车床	粗加工： 360 精加工： 800	100	1	0.3	车削台阶的方法与车削外圆基本相同，但在车削时应兼顾外圆直径和台阶长度两个方向的尺寸要求，还必须保证台阶平面与工件轴线的垂直度要求 台阶长度尺寸的控制方法： (1)台阶长度尺寸要求较低时可直接用大拖板刻度盘控制 (2)台阶长度可用钢直尺或样板确定位置，如图 1－46 所示。车削时先用刀尖车出比台阶长度略短的刻痕作为加工界限，台阶的准确长度可用游标卡尺或深度游标卡尺测量

续表 1-30

序号	加工内容（包括装夹方式）	刀具规格	机床设备	主轴转速（r/min）	进给速度（mm/min）	背吃刀量（mm）	精加工余量（mm）	备　注
								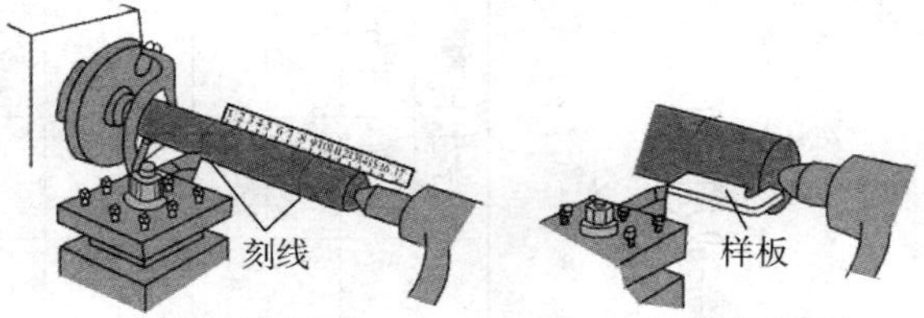 (a) 用钢直尺定位　(b) 用样板定位 图 1-46　台阶长度尺寸的控制方法
7	外圆沟槽加工	切槽刀、成型切槽刀	普通车床	200	50		0	车削精度不高和宽度较窄的矩形沟槽，可以用刀宽等于槽宽的切槽刀，采用直进法一次车出。如果精度要求较高，一般分二次车成 成型沟槽应采用直进法一次车出
8	工件切断	切断刀	普通车床	200	50	2	0.5	（1）切断工件一般采用左右借刀法，以避免切断刀崩刃 （2）切断刀刀尖必须与工件中心等高，否则切断处将剩有凸台，且刀头也容易损坏 （3）切断刀伸出刀架的长度不要过长，进给要缓慢均匀。将切断时，必须放慢进给速度，以免刀头折断
9	调头装夹，校正工件，车削端面	90°直角刀	普通车床	粗加工：360 精加工：800	100	1	0.3	调头装夹时，应采用百分表校正工件。在工件已加工表面与卡爪之间加铜垫片。精加工端面时要保证工件长度

1.4.4 评价反馈

一、零件检测

参照表 1－31 所示的零件检测表，运用合适的工量具对完成加工的导柱进行精度检测，确定加工出来的导柱是否为合格零件。

表 1－31 导柱检测表

序号	检测项目	检测内容	配分	检测要求	学生自测		教师测评	
					自测	评分	检测	评分
1	长度	55mm	6	超差 0.02mm 扣 2 分				
		51mm	10	超差 0.02mm 扣 2 分				
2	外圆	ϕ14mm	6	超差 0.02mm 扣 2 分				
		ϕ12mm	10	超差 0.02mm 扣 2 分				
3	沟槽	10mm	2	超差不得分				
		10mm	2	超差不得分				
		R1mm～2mm	2	超差不得分				
		2×1	2	超差不得分				
4	表面粗糙度	R_a1.6μm	5	一处不合格扣 1 分，扣完为止				
5	形状公差	∥ 0.02 A	5	超差 0.01mm 扣 2 分				
		⊥ 0.02 A	6	超差 0.01mm 扣 2 分				
6	倒角	C2	2	不符合无分				
		未注倒角	2	不符合无分				
7	外形	工件完整性	5	漏加工一处扣 1 分				
8	时间	工件按时完成	5	未按时完成全扣				
9	加工工艺	加工工艺单	5	加工工艺单是否正确、规范				
		刀具及切削用量选择合理	5	刀具和切削用量不合理每项扣 1 分				
10	现场操作	安全操作	10	违反安全规程全扣				
		工量具使用	5	工量具使用错误一项扣 1 分				
		设备维护保养	5	未能正确保养全扣				
11	开始时间		结束时间		加工用时			
12	合计(总分)		100 分	机床编号		总得分		

二、学生自评

学生自评表中列出本次工作任务所涉及的主要知识点与技能，请参照表 1－32 进行评价与自我反思。

表 1－32　学生自评表

序号	知识点与技能	是否掌握	优缺点反思
1	普通车床结构		
2	普通车床基本操作		
3	车刀类型及用途		
4	普通车床工件装夹方法		
5	普通车床刀具装夹方法		
6	端面车削		
7	外圆车削		
8	台阶车削		
9	外沟槽车削		
10	工件切断		
11	工件倒角		

三、教师评价

____

____

____

1.4.5 任务拓展

一、下复位杆加工

图 1－47 所示为模具下复位杆零件设计图，请根据此设计图分析下复位杆的加工工艺，编写加工工艺单，完成下复位杆的加工。

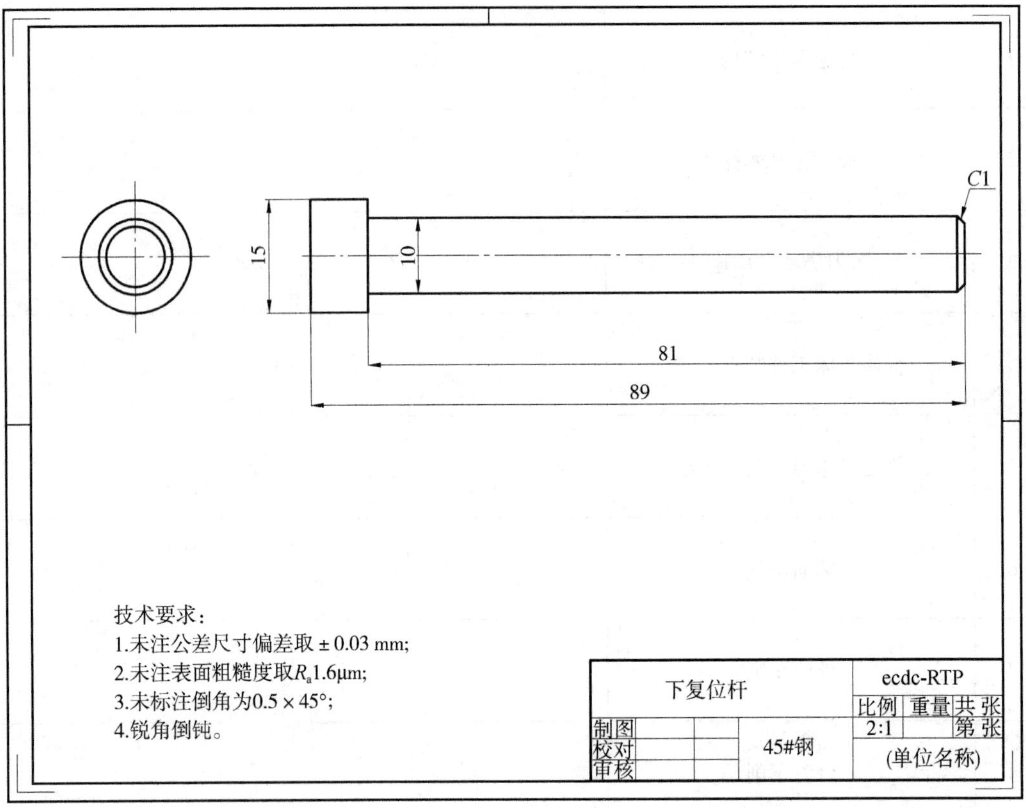

图 1－47　下复位杆零件设计图

表 1－33　下复位杆检测表

序号	检测项目	检测内容	配分	检测要求	学生自测		教师测评	
					自测	评分	检测	评分
1	长度	89mm	10	超差 0.02mm 扣 2 分				
		81mm	15	超差 0.02mm 扣 2 分				
2	外圆	ϕ 15mm	10	超差 0.02mm 扣 2 分				
		ϕ 10mm	15	超差 0.02mm 扣 2 分				
3	表面粗糙度	R_a1.6μm	5	一处不合格扣 1 分，扣完为止				
4	倒角	$C1$	2	不符合无分				
		未注倒角	3	不符合无分				

续表 1－33

序号	检测项目	检测内容	配分	检测要求	学生自测		教师测评	
					自测	评分	检测	评分
5	外形	工件完整性	5	漏加工一处扣 1 分				
6	时间	工件按时完成	5	未按时完成全扣				
7	加工工艺	加工工艺单	5	加工工艺单是否正确、规范				
		刀具及切削用量选择合理	5	刀具和切削用量不合理每项扣 1 分				
8	现场操作	安全操作	10	违反安全规程全扣				
		工量具使用	5	工量具使用错误一项扣 1 分				
		设备维护保养	5	未能正确保养全扣				
9	开始时间		结束时间		加工用时			
10	合计(总分)		100 分	机床编号		总得分		

二、上复位杆加工

图 1－48 所示为模具上复位杆零件设计图，请根据此设计图分析上复位杆的加工工艺，编写加工工艺单，完成上复位杆的加工。

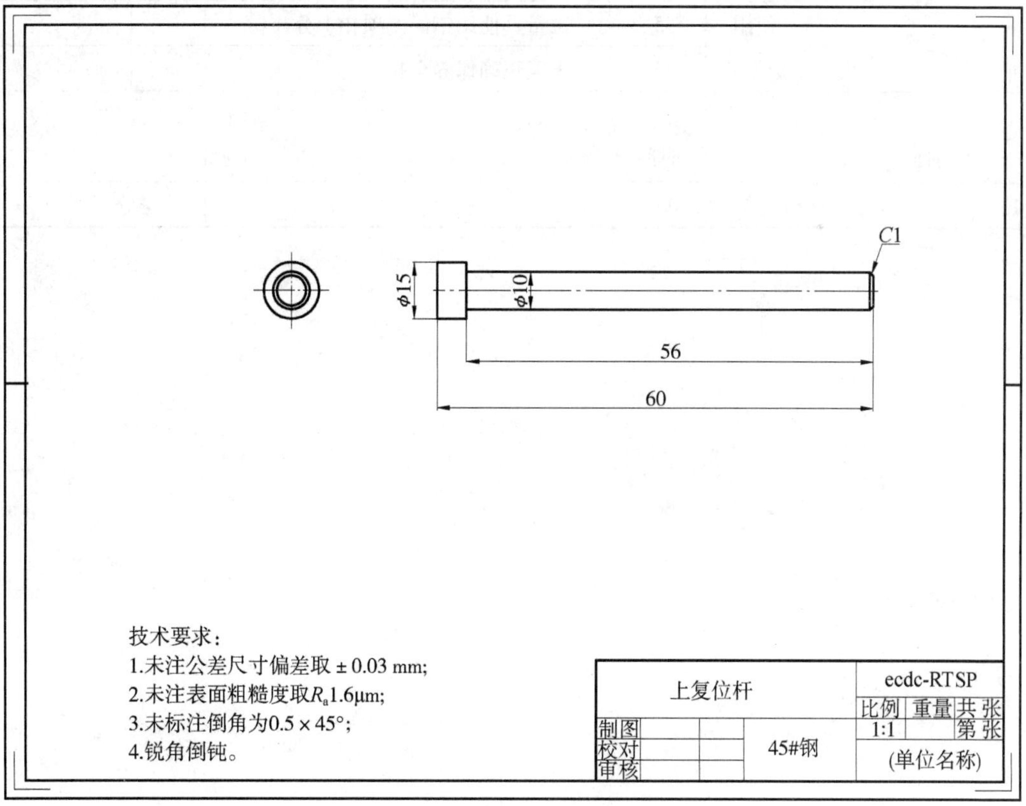

图 1－48 上复位杆零件设计图

表 1－34　上复位杆检测表

序号	检测项目	检测内容	配分	检测要求	学生自测		教师测评	
					自测	评分	检测	评分
1	长度	119mm	10	超差 0.02mm 扣 2 分				
		111mm	15	超差 0.02mm 扣 2 分				
2	外圆	ϕ 15mm	10	超差 0.02mm 扣 2 分				
		ϕ 10mm	15	超差 0.02mm 扣 2 分				
3	表面粗糙度	$R_a 1.6\mu m$	5	一处不合格扣 1 分，扣完为止				
4	倒角	$C1$	2	不符合无分				
		未注倒角	3	不符合无分				
5	外形	工件完整性	5	漏加工一处扣 1 分				
6	时间	工件按时完成	5	未按时完成全扣				
7	加工工艺	加工工艺单	5	加工工艺单是否正确、规范				
		刀具及切削用量选择合理	5	刀具和切削用量不合理每项扣 1 分				
8	现场操作	安全操作	10	违反安全规程全扣				
		工量具使用	5	工量具使用错误一项扣 1 分				
		设备维护保养	5	未能正确保养全扣				
9	开始时间		结束时间		加工用时			
10	合计(总分)		100 分	机床编号		总得分		

任务五 导套加工

1.5.1 任务描述

一、任务内容

企业接到加工 24 个二次顶出模具导套零件的生产订单，图 1－49 为导套零件设计图，要求在 1 天内按设计图完成所有导套的加工，并保证导套的加工质量。请根据导套的设计图分析加工工艺，做好加工前的准备工作，编写加工工艺单，在计划时间内完成导套的加工。

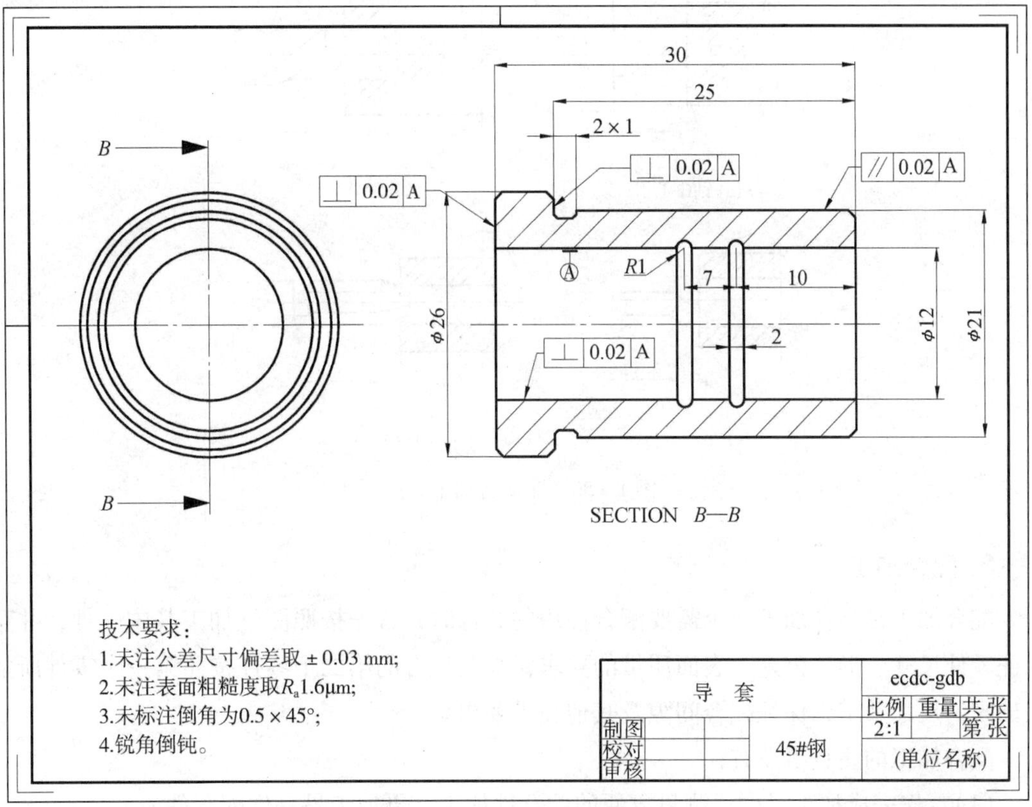

图 1－49 导套设计图

二、任务目标

通过本次工作任务，学生能够熟练完成以下工作：

(1) 根据导套设计图，分析加工工艺；

(2) 根据导套的加工工艺，完成加工前准备工作；

(3) 编写加工工艺单，选用合适的工量具与机床完成导套的加工，并保证加工质量；

(4) 运用相应的工量具检测导套的尺寸精度、形状精度、位置精度、表面粗糙度等。

1.5.2 任务准备

一、技能知识

1. 车床孔加工流程

在普通车床上加工回转体零件内孔，可分成钻中心孔、钻孔、车内孔(镗孔)、铰孔这四步(如图 1－50)。可根据实际内孔加工要求，省略钻中心孔、车内孔、铰孔其中的一至三步(如孔径较小，只需钻孔和铰孔两步；如孔径较大且表面粗糙度要求不高，只需钻中心孔、钻孔、车内孔三步)。

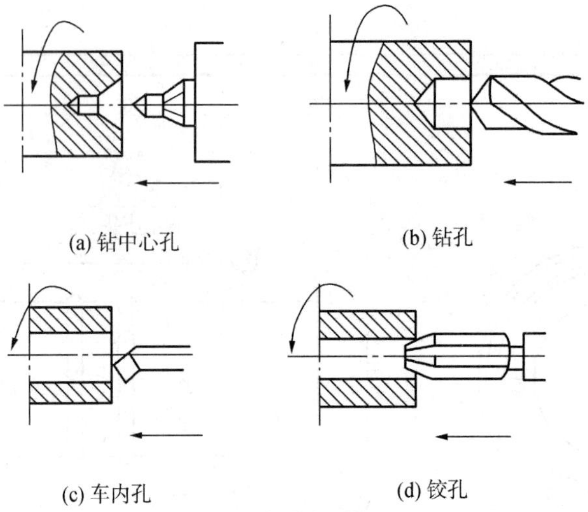

(a) 钻中心孔　(b) 钻孔　(c) 车内孔　(d) 铰孔

图 1－50　车床孔加工方法

2. 配合加工

配合加工是指在加工两个需要配合使用的零件时，首先按照图纸加工其中一件，并且保证零件尺寸、形位公差、表面质量的要求，与其配合的第二个零件按照第一个零件所加工出来的尺寸加工，保证配合间隙及其他技术要求。

配合加工的注意事项有：

(1)首先完成加工量少、测量方便的配合件加工，再加工另一件配合件。

(2)配合件尺寸确定的原则是：配合面外形，尽量选择下偏差尺寸，配合面内腔应尽可能选择上偏差尺寸，以保证配合精度和相配工件尺寸精度。

二、设计图分析

模具中的导套与导柱共同构成模具的导向装置，其作用是保证上、下模以准确的位置关系配合。

根据图 1－49 所示的零件设计图，导套最大外轮廓为回转体，其最大尺寸：直径______mm × 长______mm。

导套有两级外圆，其中直径为ϕ21mm 的外圆长度为______mm，直径为ϕ26mm 的外圆长度为______mm。

导套的内孔直径为______mm，长______mm。

导套内孔有两条圆弧成型槽，圆弧半径为______mm，宽______mm，定位尺寸为______mm 和______mm。

导套上有一条直槽，宽______mm，深______mm，定位尺寸为______mm。

导套的表面粗糙度为________________。

导套选用__________________材料进行加工。

三、毛坯准备

本次毛坯为圆柱体，直径加工余量为3mm，长度方向加工余量考虑到装夹、切断及加工精度，取15mm，在图1－51 中标注毛坯尺寸。

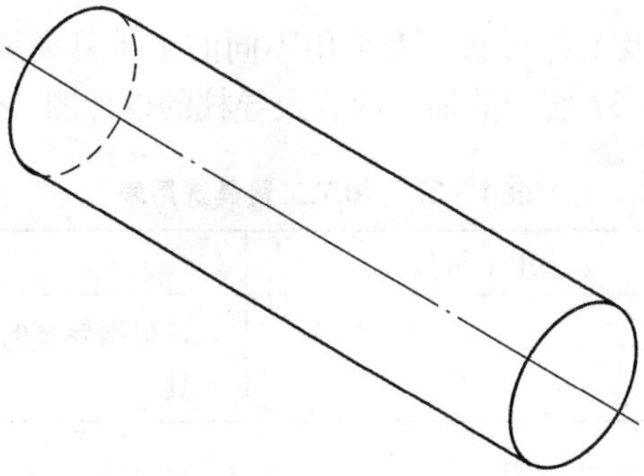

图1－51　导套毛坯尺寸

四、机床设备选用

请根据图1－49 所示的零件设计图，选择合适的机床进行导套的加工，并填写入加工设备选用表(表1－35)。

表1－35　加工设备选用表

序号	加工内容	选用设备	原　因
1	回转体外形	普通车床	导套外形为简单的回转体，可用普通车床进行加工

五、加工刀具选择

针对不同的加工内容及工件形状，需采用不同的刀具完成加工，请参照导套设计图(图1－49)及技术要求，选择合适的加工刀具，并填写入表1－36。

表 1-36　加工刀具选用表

序号	加工内容	选用刀具	备　注
1	内孔	90°直角刀、ϕ10 麻花钻、内孔镗刀	90°直角刀用于加工外圆端面 内孔镗刀刀尖至刀柄相对侧面的宽度应小于 9mm
2	台阶圆柱面		请根据加工要求选择台阶圆柱面的加工刀具
3	内孔圆弧槽	成型内槽刀	成型内槽刀需把主切削刃磨成 R2mm 的圆弧
4	外圆沟槽		请根据加工要求选择外圆沟槽的加工刀具

六、工量具准备

针对不同的加工内容及工件形状，需采用不同的工量具完成工件装夹、定位、校正、测量等操作，请根据表 1-37 所列的加工内容及导柱的设计图，选用合适的工量具。

表 1-37　加工工量具选用表

序号	加工内容	选用工量具	备　注
1	回转体外形		请根据导套的实际加工及测量要求选择工量具

1.5.3　计划与实施

运用所学的加工知识，参照导套设计图(图 1-49)，分析导套的加工工艺，并把分析结果按工序填入零件加工工艺单(表 1-38)。

表 1－38　零件加工工艺单

序号	加工内容（包括装夹方式）	刀具规格	机床设备	主轴转速（r/min）	进给速度（mm/min）	背吃刀量（mm）	精加工余量（mm）	备　注
1	三爪卡盘装夹工件		普通车床					(1)为保证加工精度及保留足够的加工余量，毛坯的装夹长度应控制在______mm (2)用划针盘校正工件，校正好后启动主轴，观察毛坯圆跳动情况，如跳动较大，需停机继续校正
2	端面车削		普通车床					请选择合适的刀具及加工要素完成外圆端面的车削
3	内孔加工	Φ10 麻花钻、内孔镗刀	普通车床	钻削：200 孔粗加工：360 孔精加工：600	钻削：60 孔粗加工：100 孔精加工：60	车内孔：0.5	0.3	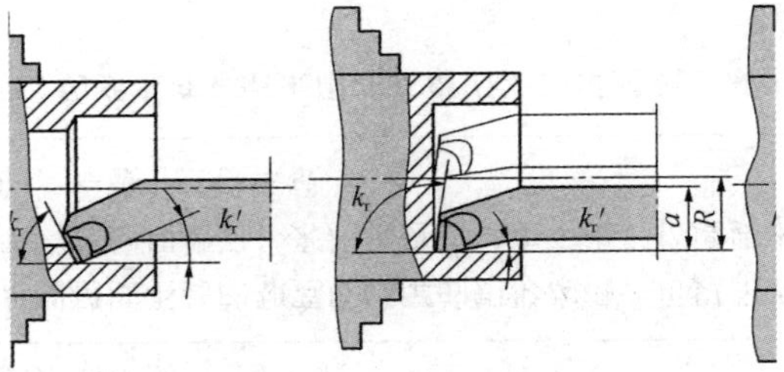 (a) 车通孔　(b) 车不通孔 图 1－52　内孔车削 (1)钻削深度应大于 30mm(不包括钻尖) (2)如图 1－52 所示，内孔镗刀刀尖至刀柄相对侧面的宽度 a 应小于 9mm。且镗刀安装时刀尖高度应与工件轴线对齐，保证加工精度。另刀具悬伸长度为镗刀厚度的 1～1.5 倍，保证刀具刚度 (3)导套的内孔需与完成加工的导柱进行配合加工

续表 1 – 38

序号	加工内容（包括装夹方式）	刀具规格	机床设备	主轴转速（r/min）	进给速度（mm/min）	背吃刀量（mm）	精加工余量(mm)	备　注
4	内成型沟槽加工	成型内槽刀	普通车床	200	60	1	0	成型内槽刀需把主切削刃磨成 *R*2mm 的圆弧
5	*Φ* 26 外圆车削		普通车床					请选择合适的刀具及加工要素完成*Φ* 26 外圆柱面的车削
6	*Φ* 21 台阶外圆车削，倒角		普通车床					请选择合适的刀具及加工要素完成*Φ* 21 外圆台阶面及倒角的车削
7	外圆沟槽加工	切槽刀	普通车床	200	50	1	0	车削精度不高的和宽度较窄的矩形沟槽，可以用刀宽等于槽宽的切槽刀，采用直进法一次车出。精度要求较高的，一般分二次车成
8	工件切断	切断刀	普通车床	200	50	2	0.5	(1)切断工件一般采用左右借刀法，以避免切断刀崩刃 (2)切断刀刀尖必须与工件中心等高，否则切断处将剩有凸台，且刀头也容易损坏 (3)切断刀伸出刀架的长度不要过长，进给要缓慢均匀。将切断时，必须放慢进给速度，以免刀头折断
9	调头装夹，校正工件，车削端面	90°直角刀	普通车床	粗加工：360 精加工：800	100	1	0.3	调头装夹时，应采用百分表校正工件。在工件已加工表面与卡爪之间加铜垫片。精加工端面时要保证工件长度

1.5.4 评价反馈

一、零件检测

参照表1-39的导套零件检测表，运用合适的工量具对完成加工的导套进行精度检测，确定加工出来的导套是否为合格零件。

表1-39 导套零件检测表

序号	检测项目	检测内容	配分	检测要求	学生自测		教师测评	
					自测	评分	检测	评分
1	长度	30mm	6	超差0.02mm扣2分				
		25mm	10	超差0.02mm扣2分				
2	外圆	ϕ26mm	5	超差0.02mm扣2分				
		ϕ21mm	6	超差0.02mm扣2分				
3	内孔	ϕ12mm	10	超差0.02mm扣2分				
4	内沟槽	10mm	1	超差不得分				
		7mm	1	超差不得分				
		2mm	1	超差不得分				
		R1mm	1	超差不得分				
5	外沟槽	2×1	1	超差不得分				
6	表面粗糙度	R_a1.6μm	6	一处不合格扣1分，扣完为止				
7	形状公差	// 0.02 A	5	超差0.01mm扣2分				
		⊥ 0.02 A ×2	6	超差0.01mm扣2分				
8	倒角	锐角倒钝	1	不符合无分				
		未注倒角	1	不符合无分				
9	外形	工件完整性	5	漏加工一处扣1分				
10	时间	工件按时完成	5	未按时完成全扣				
11	加工工艺	加工工艺单	5	加工工艺单是否正确、规范				
		刀具及切削用量选择合理	5	刀具和切削用量不合理每项扣1分				
12	现场操作	安全操作	10	违反安全规程全扣				
		工量具使用	5	工量具使用错误一项扣1分				
		设备维护保养	5	未能正确保养全扣				
13	开始时间		结束时间		加工用时			
14	合计(总分)		100分	机床编号		总得分		

二、学生自评

学生自评表中列出本次工作任务所涉及的主要知识点与技能，请参照表 1－40 进行评价与自我反思。

表 1－40　学生自评表

序号	知识点与技能	是否掌握	优缺点反思
1	普通车床钻孔		
2	内孔镗削		
3	配合件加工		
4	内孔倒角		

三、教师评价

1.5.5　任务拓展

一、定位轴加工

图 1－53 所示为模具定位轴零件设计图，请根据此设计图分析定位轴的加工工艺，编写加工工艺单，完成定位轴的加工。表 1－41 所示为定位轴检测表。

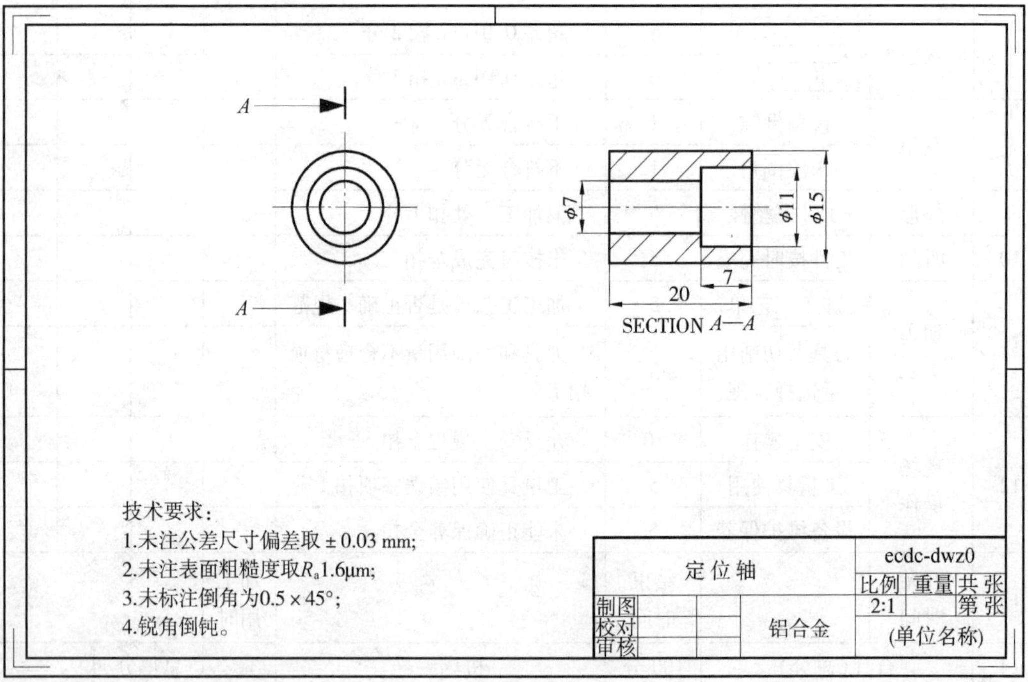

图 1－53　定位轴零件设计图

表 1－41 定位轴检测表

序号	检测项目	检测内容	配分	检测要求	学生自测		教师测评	
					自测	评分	检测	评分
1	长度	20mm	10	超差 0.02mm 扣 2 分				
		7mm	10	超差 0.02mm 扣 2 分				
2	外圆	ϕ15mm	10	超差 0.02mm 扣 2 分				
3	内圆	ϕ11mm	10	超差 0.02mm 扣 2 分				
		ϕ7mm	10	超差 0.02mm 扣 2 分				
4	表面粗糙度	R_a1.6μm	5	一处不合格扣 1 分，扣完为止				
5	倒角	未注倒角	5	不符合无分				
6	外形	工件完整性	5	漏加工一处扣 1 分				
7	时间	工件按时完成	5	未按时完成全扣				
8	加工工艺	加工工艺单	5	加工工艺单是否正确、规范				
		刀具及切削用量选择合理	5	刀具和切削用量不合理每项扣 1 分				
9	现场操作	安全操作	10	违反安全规程全扣				
		工量具使用	5	工量具使用错误一项扣 1 分				
		设备维护保养	5	未能正确保养全扣				
10	开始时间		结束时间		加工用时			
11	合计(总分)		100 分	机床编号		总得分		

二、摆块定位轴加工

图 1－54 所示为模具摆块定位轴零件设计图，请根据此设计图分析摆块定位轴的加工工艺，编写加工工艺单，完成摆块定位轴的加工。表 1－42 所示为摆块定位轴检测表。

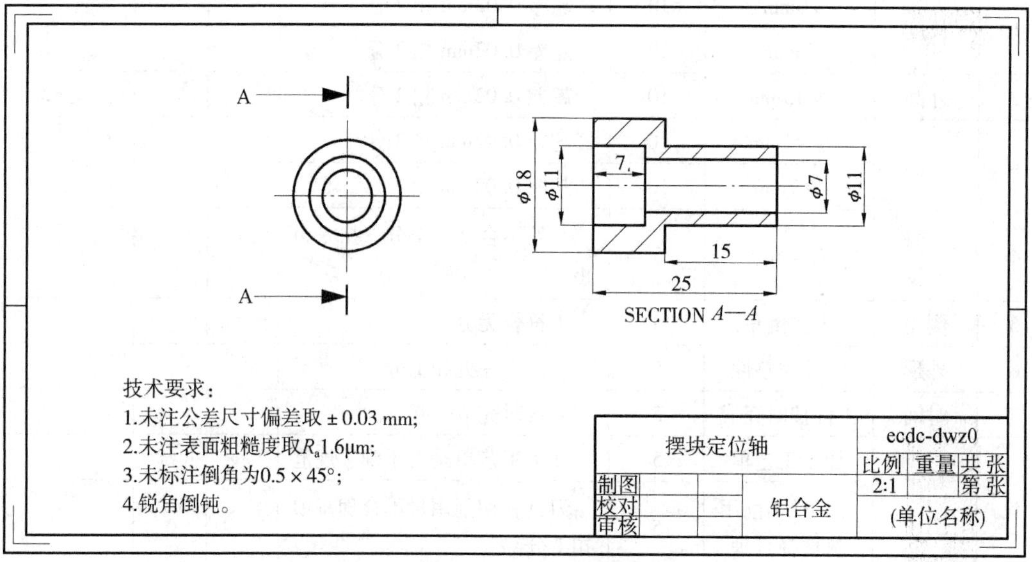

图 1－54　摆块定位轴零件设计图

表 1－42　摆块定位轴检测表

序号	检测项目	检测内容	配分	检测要求	学生自测		教师测评	
					自测	评分	检测	评分
1	长度	25mm	5	超差 0.02mm 扣 2 分				
		15mm	5	超差 0.02mm 扣 2 分				
		7mm	5	超差 0.02mm 扣 2 分				
2	外圆	ϕ18mm	5	超差 0.02mm 扣 2 分				
		ϕ11mm	10	超差 0.02mm 扣 2 分				
3	内圆	ϕ11mm	10	超差 0.02mm 扣 2 分				
		ϕ7mm	10	超差 0.02mm 扣 2 分				
4	表面粗糙度	R_a1.6μm	5	一处不合格扣 1 分，扣完为止				
5	倒角	未注倒角	5	不符合无分				
6	外形	工件完整性	5	漏加工一处扣 1 分				
7	时间	工件按时完成	5	未按时完成全扣				

续表 1-42

<table>
<tr><td rowspan="2">序号</td><td rowspan="2">检测项目</td><td rowspan="2">检测内容</td><td rowspan="2">配分</td><td rowspan="2">检测要求</td><td colspan="2">学生自测</td><td colspan="2">教师测评</td></tr>
<tr><td>自测</td><td>评分</td><td>检测</td><td>评分</td></tr>
<tr><td rowspan="2">8</td><td rowspan="2">加工工艺</td><td>加工工艺单</td><td>5</td><td>加工工艺单是否正确、规范</td><td></td><td></td><td></td><td></td></tr>
<tr><td>刀具及切削用量选择合理</td><td>5</td><td>刀具和切削用量不合理每项扣 1 分</td><td></td><td></td><td></td><td></td></tr>
<tr><td rowspan="3">9</td><td rowspan="3">现场操作</td><td>安全操作</td><td>10</td><td>违反安全规程全扣</td><td></td><td></td><td></td><td></td></tr>
<tr><td>工量具使用</td><td>5</td><td>工量具使用错误一项扣 1 分</td><td></td><td></td><td></td><td></td></tr>
<tr><td>设备维护保养</td><td>5</td><td>未能正确保养全扣</td><td></td><td></td><td></td><td></td></tr>
<tr><td>10</td><td>开始时间</td><td></td><td>结束时间</td><td></td><td>加工用时</td><td colspan="3"></td></tr>
<tr><td>11</td><td colspan="2">合计(总分)</td><td>100 分</td><td>机床编号</td><td></td><td>总得分</td><td colspan="2"></td></tr>
</table>

任务六　型芯加工

1.6.1　任务描述

一、任务内容

企业接到加工 6 件二次顶出模具型芯的生产订单，图 1－55 为型芯零件设计图，要求在 1 天内按设计图完成所有型芯的加工，并保证型芯的加工质量。请根据型芯的设计图分析加工工艺，做好加工前的准备工作，编写加工工艺单，在计划时间内完成型芯的加工。

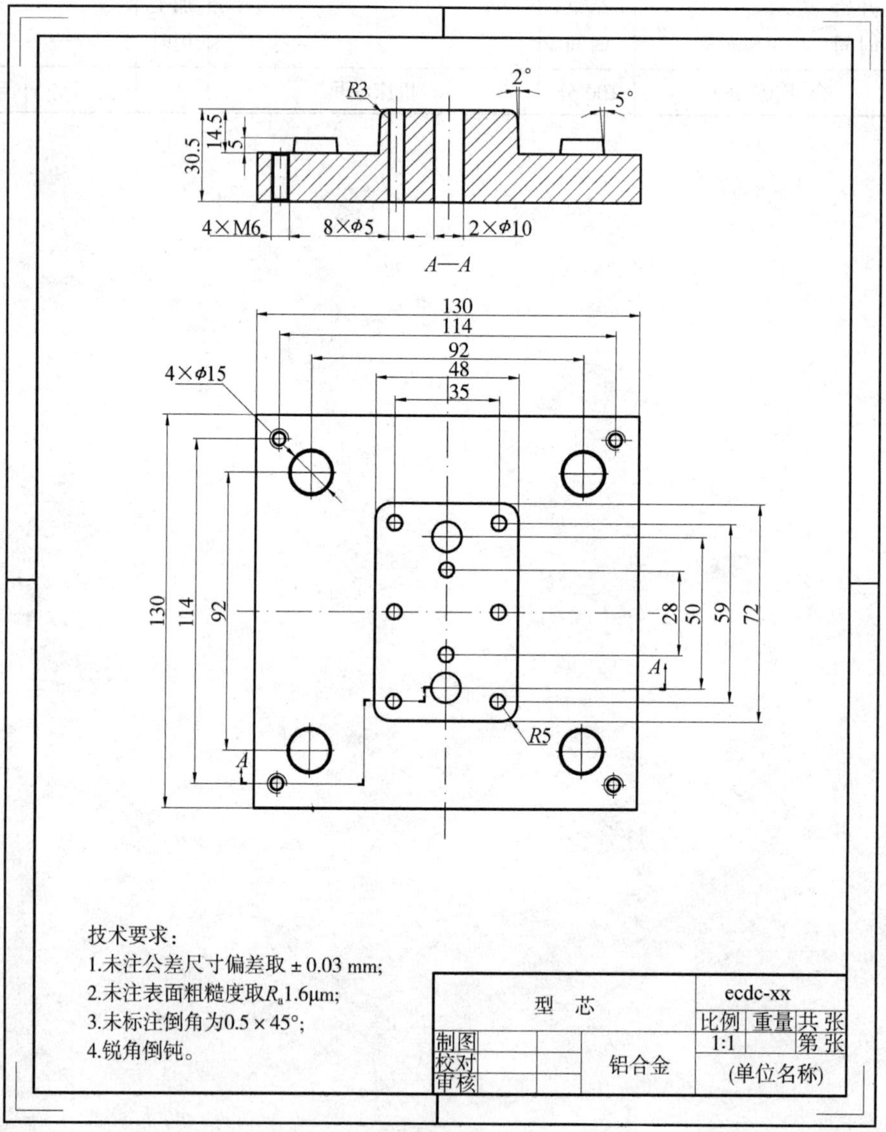

图 1－55　型芯零件设计图

二、任务目标

通过本次工作任务，学生能够熟练完成以下工作：

(1)根据型芯设计图，分析加工工艺；

(2)根据型芯的加工工艺，完成加工前准备工作；

(3)编写加工工艺单，选用合适的工量具与机床完成型芯的加工，并保证加工质量；

(4)运用相应的工量具检测型芯的尺寸精度、形状精度、位置精度、表面粗糙度等。

1.6.2 任务准备

一、技能知识

1. 分中对刀

(1) XY 平面内用分中试切法，如图 1－56 所示。

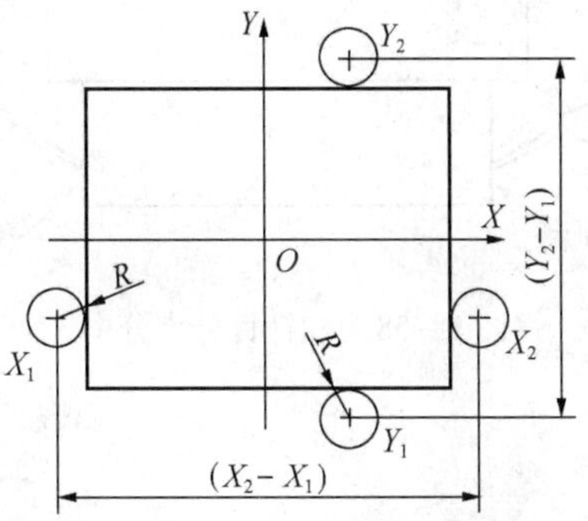

图 1－56 XY 方向分中

试切工件水平左侧，记录当前坐标为 X_1，试切另一侧，记录当前坐标为 X_2，那么：$X_0=(X_2-X_1)/2$，然后移动刀具至 X_0 坐标上；同理：$Y_0=(Y_2-Y_1)/2$，然后也移动刀具至 Y_0 坐标上；即刀具中心落到工件中心上。

注：①在分中操作时，可把选择相对坐标系统界面，在记录 X_1 时，把 X 轴相对坐标"归零"操作，则记录 X_2 相对坐标后，$X_0=X_2/2$；Y 轴的分中对刀同理。

②如工件的四个侧面为已加工表面，可使用寻边器进行对刀(如图 1－57 所示)。

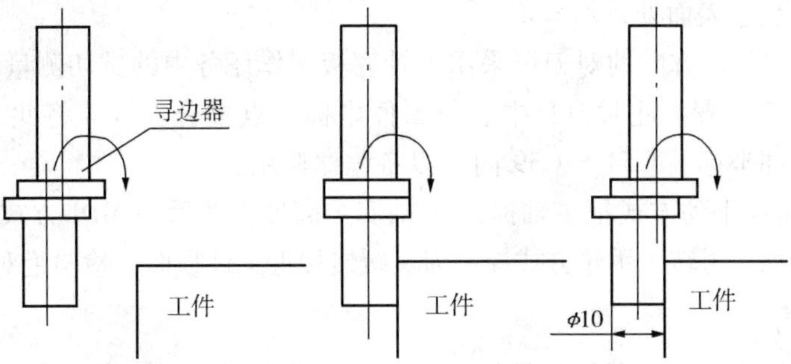

图 1－57 寻边器对刀

③在工件调头装夹时，为保证加工精度，需用百分表进行分中对刀(如图1－58所示)。以X轴分中为例：先把杠杆百分表对零校正，通过百分表座固定在主轴上(可以绕主轴轴线旋转的部位)，手动控制百分表靠近并轻压工件X轴方向已加工表面A，手动转动主轴，记录杠杆百分表最大读数S，此时数控系统坐标界面X轴坐标为a(如果是相对坐标，可把此坐标归零，即$a=0$)；手工移动百分表到相对的已加工表面B，使杠杆百分表轻压已加工表面，手工转动主轴并调整主轴沿X轴移动，使杠杆百分表最大读数为S，记录此时数控系统X轴坐标b。计算$c=(b-a)/2$，移动主轴到X轴坐标c，此位置即为工件X轴中心。

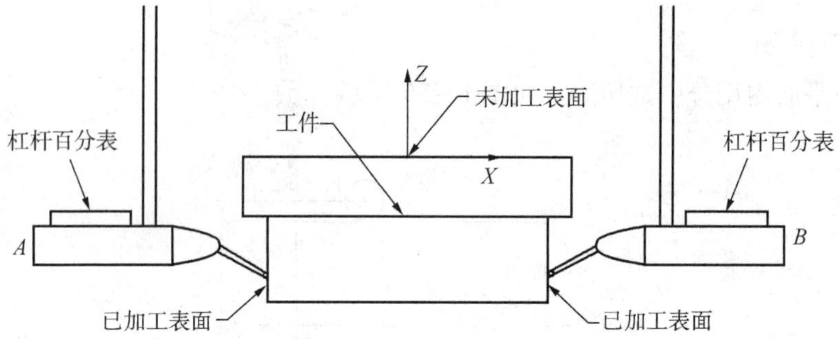

图1－58　杠杆百分表分中

(2)Z方向对刀：

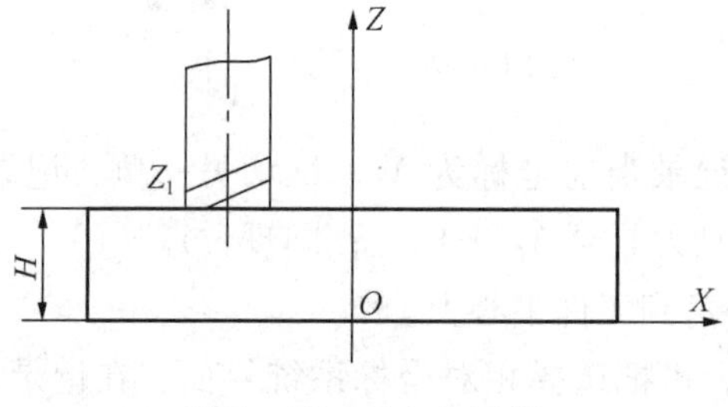

图1－59　Z方向试切

如图1－59所示，试切工件上表面，记录当时Z_1坐标，那么$Z_0=Z_1-H$；但当$H=0$时，即工件原点在上表面处，$Z_0=Z_1$。

当调头装夹时，Z方向的对刀可采用顶针底板工作任务中的试切测量法。

(3)综合1、2步骤，此时刀具中心与工件坐标原点重合，接着将此时的X、Y、Z机械坐标值录入工件坐标系G54～G59内，以备程序调用。

(4)对刀检验：手动方式把主轴提到Z轴安全高度，然后在MDI方式下输入“G54 G00 X0 Y0”并循环启动，再转为手轮方式控制刀具缓慢接近工件顶面，检验绝对坐标是否正确。

2. 数据传输

在自动编程加工时，数据如果是从电脑端传向机床端，则机床端先准备；反之，则电脑端先准备。

二、设计图分析

在注塑模具中，型芯是凸模，型腔是凹模，当合模后，凹凸配合之间的缝隙注入塑料，才能做出塑料件。

根据图 1－55 所示的零件设计图，型芯最大外轮廓为矩形体，其最大尺寸为长______mm × 宽______mm × 高______mm。

型芯上共有 ϕ 5mm 顶针通孔______个，定位尺寸分别为______mm、______mm 和______mm；ϕ 10mm 顶针通孔______个，定位尺寸为______mm。

型芯中部凸模尺寸为长________mm × 宽________mm × 深________mm，拔模角度为________。

型芯四角有 4 个定位凸台，其直径为______mm，拔模角度为________。

型芯的表面粗糙度为__________________。

型芯选用__________________材料进行加工。

三、毛坯准备

本次毛坯长宽加工余量为 3mm，高度方向加工余量为 5mm，在图 1－60 中标注毛坯尺寸。

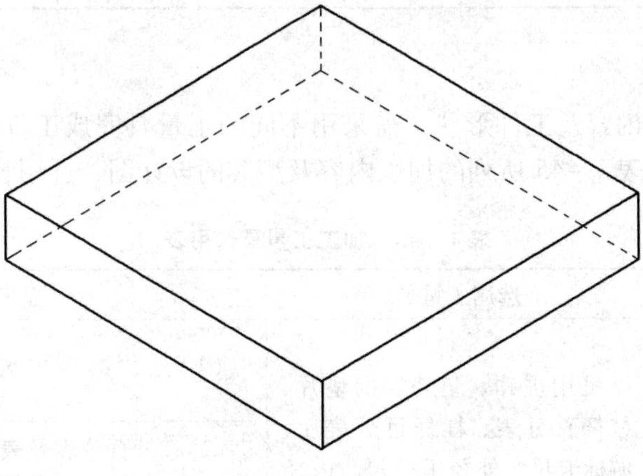

图 1－60　型芯毛坯尺寸

四、机床设备选用

请根据图 1－55 所示的零件设计图，选择合适的机床进行型芯的加工，并填写入表 1－43 加工设备选用表。

表 1－43　加工设备选用表

序号	加工内容	选用设备	原　因
1	型芯外形	数控铣床	由于型芯中有斜面及倒圆角等曲面，为了保证工件加工精度，型芯整体外形均用数控铣床进行加工
2	顶针通孔	普通钻床	型芯的顶针通孔需与动模板组合加工

五、加工刀具选择

针对不同的加工内容及工件形状，需采用不同的刀具完成加工，请参照型芯设计图（图1－55）及技术要求，选择合适的加工刀具，并填写入加工刀具选用表（表1－44）。

表1－44　加工刀具选用表

序号	加工内容	选用刀具	备　注
1	型芯底面	ϕ60 盘铣刀	盘铣刀：用于铣削工件尺寸较大的平面
2	型芯底座侧面	ϕ16 立铣刀	ϕ16 立铣刀的圆柱侧刃可用于加工垂直面
3	底面螺纹孔		请根据设计图加工要求选择底面螺纹孔的加工刀具
4	凸模及定位凸台	ϕ12 立铣刀、$R3$ 球头铣刀、ϕ12R0.2 圆鼻铣刀	ϕ12 立铣刀用于粗加工，$R3$ 球头铣刀用于凸模精加工，ϕ12R0.2 圆鼻铣刀则用于清角
5	顶针通孔		请根据设计图加工要求选择顶针通孔的加工刀具

六、工量具准备

针对不同的加工内容及工件形状，需采用不同的工量具完成工件装夹、定位、校正、测量等操作，请根据表1－45所列的加工内容及型芯的设计图，选用合适的工量具。

表1－45　加工工量具选用表

序号	加工内容	选用工量具	备　注
1	型芯外形	机用虎钳、垫块、铜垫片、杠杆百分表、杠杆百分表座、游标卡尺、外径千分尺、内径千分尺、螺纹塞规、钢直尺、刀柄、夹头	（1）选用的机用虎钳最大夹紧范围为__________ （2）杠杆百分表及表座用于工件调头装夹时的校正 （3）刀柄与夹头用于安装刀具 （4）螺纹塞规用于内螺纹尺寸的测量

1.6.3　计划与实施

运用所学的加工知识，参照型芯零件设计图（图1－55），分析型芯的加工工艺，并把分析结果按工序填入零件加工工艺单（表1－46）。（注：此处所制定的加工工艺主要针对FANUC数控系统与MasterCAM数控编程软件。）

表 1-46　零件加工工艺单

序号	加工内容（包括装夹方式）	刀具规格	机床设备	主轴转速（r/min）	进给速度（mm/min）	背吃刀量（mm）	精加工余量(mm)	备　注
1	机用虎钳装夹，B 面朝上		数控铣床					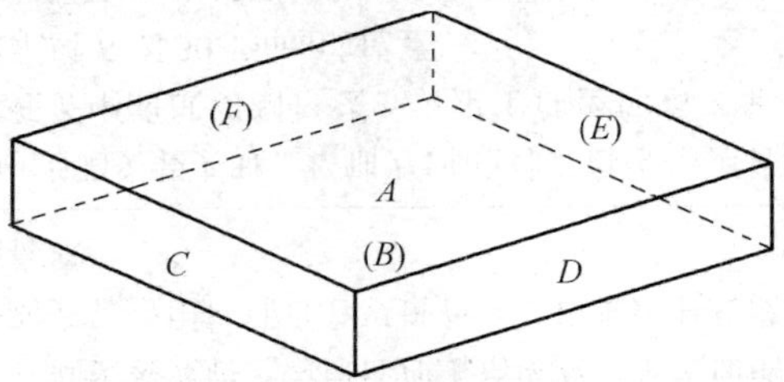 图 1-61　矩形外轮廓 注：(1)装夹高度应取 5mm 左右，既可以保证装夹稳定，又可以留足够的加工余量 (2)装夹后工件及 Φ 16 立铣刀后，采用试切法分中对刀，设定工件坐标系
2	平面铣削 B 面	Φ 60 盘铣刀	数控铣床	1000	600	1	0.3	(1)在 MasterCAM 软件中绘制 130mm × 130mm 的矩形，矩形中心与坐标原点重合 (2)根据设定毛坯尺寸在 MasterCAM 软件中构建矩形体毛坯。选择“平面铣削”刀具路径，设置铣削参数，在软件中模拟加工正常后，通过后处理器转化成数控加工程序 (3)安装 Φ 60 盘铣刀，进行 Z 轴方向对刀，然后把计算机中的平面铣削加工程序传输入数控系统，循环启动，进行自动加工

续表 1-46

序号	加工内容（包括装夹方式）	刀具规格	机床设备	主轴转速（r/min）	进给速度（mm/min）	背吃刀量（mm）	精加工余量(mm)	备　注
3	外形铣削矩形侧面	Φ16 立铣刀	数控铣床	2000	800	5	0.3	(1)在 MasterCAM 软件中参照 130mm×130mm 矩形框设置“外形铣削”刀具路径，加工深度为 20mm，模拟加工正确后经后处理器转化成数控加工程序 (2)更换Φ16 立铣刀，进行 Z 轴方向对刀后，通过数据传输在线自动加工工件
4	底面螺纹孔加工	Φ5 麻花钻、M6 丝锥	数控铣床	钻孔：200	钻孔：60			(1)参照型芯设计图及对刀设定的工件坐标系确定螺纹孔中心坐标，根据此坐标在 MasterCAM 软件中设定“钻孔加工”刀具路径，Φ5 麻花钻的钻孔深度为 31mm（不包括钻尖），模拟加工正确后经后处理器转化成数控加工程序 (2)更换Φ5 麻花钻，进行 Z 轴方向对刀后，通过数据传输在线自动加工工件 (3)如无法确定数控铣床的螺纹加工功能是否正常，请选择手工攻螺纹
5	调头机用虎钳装夹工件，A 面朝上		数控铣床					注：调头装夹后，为保证加工精度及上下表面的加工中心对齐，需用杠杆百分表进行 X、Y 轴分中及设定工件坐标系
6	平面铣削 A 面	Φ60 盘铣刀	数控铣床	1000	600	2	0.3	(1)当调头装夹时，Z 轴方向的对刀可采用顶针底板工作任务中的试切测量法，设定工件坐标系 Z 轴零点时取距离 B 面 30.5mm 的位置 (2)在 MasterCAM 软件中新建文件，构建型芯实体模型，设置工件毛坯。选取“平面铣削”刀具路径，设置参数时加工高度至 Z 轴零点。模拟加工正确后经后处理器转化成数控加工程序。通过数据传输在线自动加工工件

续表 1－46

序号	加工内容 （包括装夹方式）	刀具 规格	机床 设备	主轴转速 （r/min）	进给速度 （mm/min）	背吃刀量 （mm）	精加工余量（mm）	备　注
7	型芯粗加工	Φ 12 立铣刀	数控铣床	2000	800	1	0.3	（1）在 MasterCAM 软件中构建 155mm × 155mm 的矩形框作为加工边界，以型芯外形表面作为加工曲面，选取“曲面粗加工→挖槽粗加工”刀具路径，加工高度为 0～15mm，分层铣削，每层铣削深度 1mm，底面精加工余量取 0mm，*XY* 轴方向精加工余量取 0.3mm。模拟加工正确后经后处理器转化成数控加工程序 （2）更换Φ 12 立铣刀，进行 *Z* 轴方向对刀后，通过数据传输在线自动加工工件
8	型芯精加工	*R*3 球头铣刀、Φ 12*R*0.2 圆鼻铣刀	数控铣床	3000	800	0.2	0	（1）在 MasterCAM 软件中构建 61mm × 85mm 的矩形框作为凸模加工边界，以型芯外形表面作为加工曲面，选取“曲面精加工→等高外形”刀具路径，加工高度为 0～14.5mm，分层铣削，每层铣削深度 0.2mm，精加工余量取 0。模拟加工正确后经后处理器转化成数控加工程序。更换 *R*3 球头铣刀，进行 *Z* 轴方向对刀后，通过数据传输在线自动加工工件 （2）在 MasterCAM 软件中以型芯外形表面作为加工曲面，选取“曲面精加工→等高外形”刀具路径以精加工四个定位凸台及凸模底面清角，加工高度为 －4.5～－14.5mm，分层铣削，每层铣削深度 0.2mm，精加工余量取 0。模拟加工正确后经后处理器转化成数控加工程序。更换Φ 12*R*0.2 圆鼻铣刀，进行 *Z* 轴方向对刀后，通过数据传输在线自动加工工件
9	中部顶针通孔组合加工		普通钻床					（1）为保证模具顶出系统的配合精度，型芯中部顶针通孔需与动模板组合加工，组合加工方法参照动模板加工工作任务 （2）请根据型芯设计图加工要求选择合适刀具与加工要素，完成型芯顶针通孔加工

1.6.4 评价反馈

一、零件检测

参照表1－47所列的型芯检测表，运用合适的工量具对完成加工的型芯进行精度检测，确定加工出来的型芯是否为合格零件。

表1－47 型芯检测表

序号	检测项目	检测内容	配分	检测要求	学生自测		教师测评	
					自测	评分	检测	评分
1	长度	130mm	2	超差0.02mm扣2分				
2	宽度	130mm	2	超差0.02mm扣2分				
3	高度	30.5mm	2	超差0.02mm扣2分				
4	中部型芯	长48mm	5	超差0.02mm扣2分				
		宽72mm	5	超差0.02mm扣2分				
		高14.5mm	5	超差0.02mm扣2分				
		ϕ5mm×8	5	超差0.02mm扣2分				
		ϕ10mm×2	5	超差0.02mm扣2分				
		29.5mm	2	超差不得分				
		28mm	2	超差不得分				
		50mm	2	超差不得分				
		R5mm	2	超差不得分				
		R3mm	2	超差不得分				
		2°	2	超差不得分				
5	定位凸台	ϕ15mm×4	2	超差0.02mm扣2分				
		5°	2	超差不得分				
		高5mm	2	超差不得分				
		横92mm	2	超差不得分				
		纵92mm	2	超差不得分				
6	螺纹通孔	M6×4	2	超差0.02mm扣2分				
		横114mm	2	超差不得分				
		纵114mm	2	超差不得分				
7	表面粗糙度	R_a1.6μm	2	一处不合格扣1分，扣完为止				
8	倒角	未注倒角	2	不符合无分				
9	外形	工件完整性	5	漏加工一处扣1分				
10	时间	工件按时完成	2	未按时完成全扣				

续表 1－47

序号	检测项目	检测内容	配分	检测要求	学生自测		教师测评	
					自测	评分	检测	评分
11	加工工艺	加工工艺单	5	加工工艺单是否正确、规范				
		刀具及切削用量选择合理	5	刀具和切削用量不合理每项扣 1 分				
12	现场操作	安全操作	10	违反安全规程全扣				
		工量具使用	5	工量具使用错误一项扣 1 分				
		设备维护保养	5	未能正确保养全扣				
13	开始时间		结束时间		加工用时			
14	合计(总分)		100 分	机床编号		总得分		

二、学生自评

学生自评表中列出本次工作任务所涉及的主要知识点与技能，请参照表 1－48 进行评价与自我反思。

表 1－48　学生自评表

序号	知识点与技能	是否掌握	优缺点反思
1	数控铣床结构		
2	数控铣床基本操作		
3	数控铣刀类型及用途		
4	机用虎钳校正		
5	工件校正与装夹		
6	分中对刀		
7	数控铣床自动编程		
8	数据传输		
9	数控铣床自动加工		

三、教师评价

1.6.5 任务拓展

一、摆块加工

图 1－62 所示为模具摆块零件设计图，请根据此设计图分析摆块的加工工艺，编写加工工艺单，完成摆块的加工。表 1－49 所示为摆块检测表。

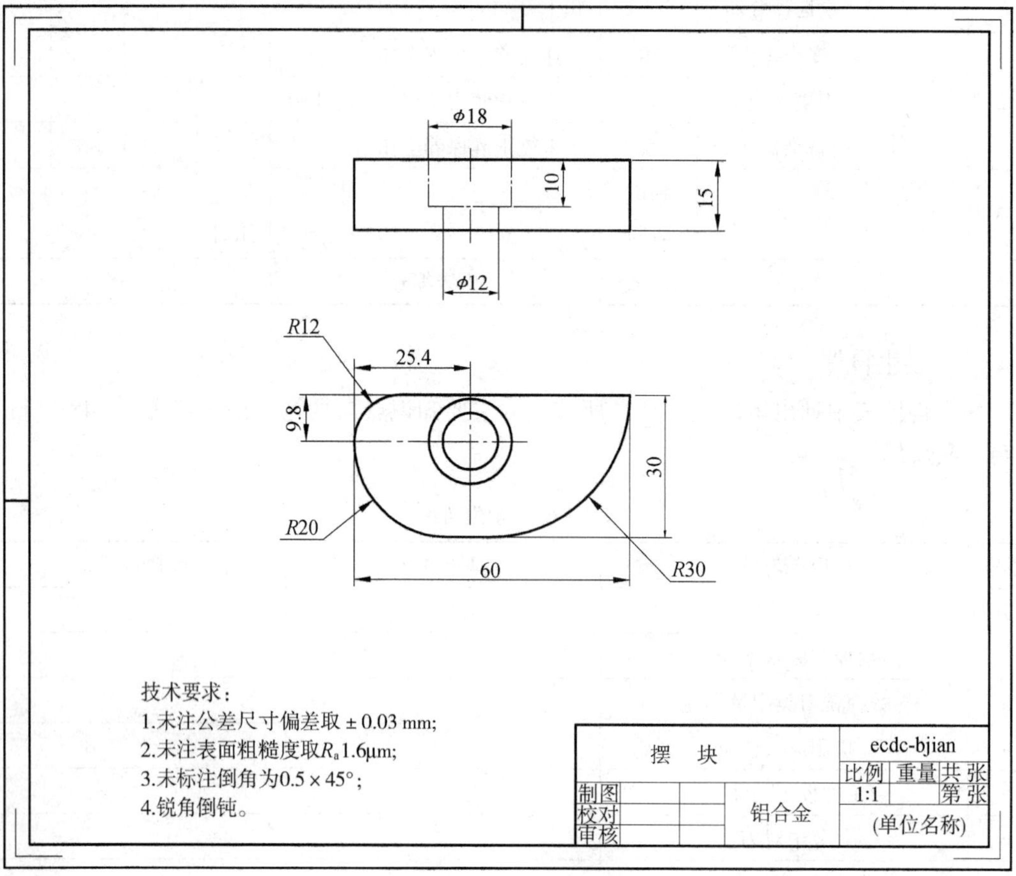

图 1－62 摆块零件设计图

表 1－49 摆块检测表

序号	检测项目	检测内容	配分	检测要求	学生自测		教师测评	
					自测	评分	检测	评分
1	长度	60mm	5	超差 0.02mm 扣 2 分				
2	宽度	30mm	5	超差 0.02mm 扣 2 分				
3	高度	15mm	5	超差 0.02mm 扣 2 分				
4	圆弧	R12mm	3	超差不得分				
		R20mm	3	超差不得分				
		R30mm	3	超差不得分				

续表 1-49

序号	检测项目	检测内容	配分	检测要求	学生自测		教师测评	
					自测	评分	检测	评分
5	沉头孔	ϕ18mm	8	超差 0.02mm 扣 2 分				
		ϕ12mm	8	超差 0.02mm 扣 2 分				
		深 10mm	8	超差 0.02mm 扣 2 分				
		25.4mm	3	超差不得分				
		9.8mm	3	超差不得分				
6	表面粗糙度	R_a1.6μm	3	一处不合格扣 1 分，扣完为止				
7	倒角	未注倒角	3	不符合无分				
8	外形	工件完整性	5	漏加工一处扣 1 分				
9	时间	工件按时完成	5	未按时完成全扣				
10	加工工艺	加工工艺单	5	加工工艺单是否正确、规范				
		刀具及切削用量选择合理	5	刀具和切削用量不合理每项扣 1 分				
11	现场操作	安全操作	10	违反安全规程全扣				
		工量具使用	5	工量具使用错误一项扣 1 分				
		设备维护保养	5	未能正确保养全扣				
12	开始时间		结束时间		加工用时			
13	合计(总分)		100 分	机床编号		总得分		

任务七　型腔加工

1.7.1　任务描述

一、任务内容

企业接到加工 6 件二次顶出模具型腔的生产订单，图 1－63 为型腔零件设计图，要求在 1 天内按设计图完成所有型腔的加工，并保证型腔的加工质量。请根据型腔的设计图分析加工工艺，做好加工前的准备工作，编写加工工艺单，在计划时间内完成型腔的加工。

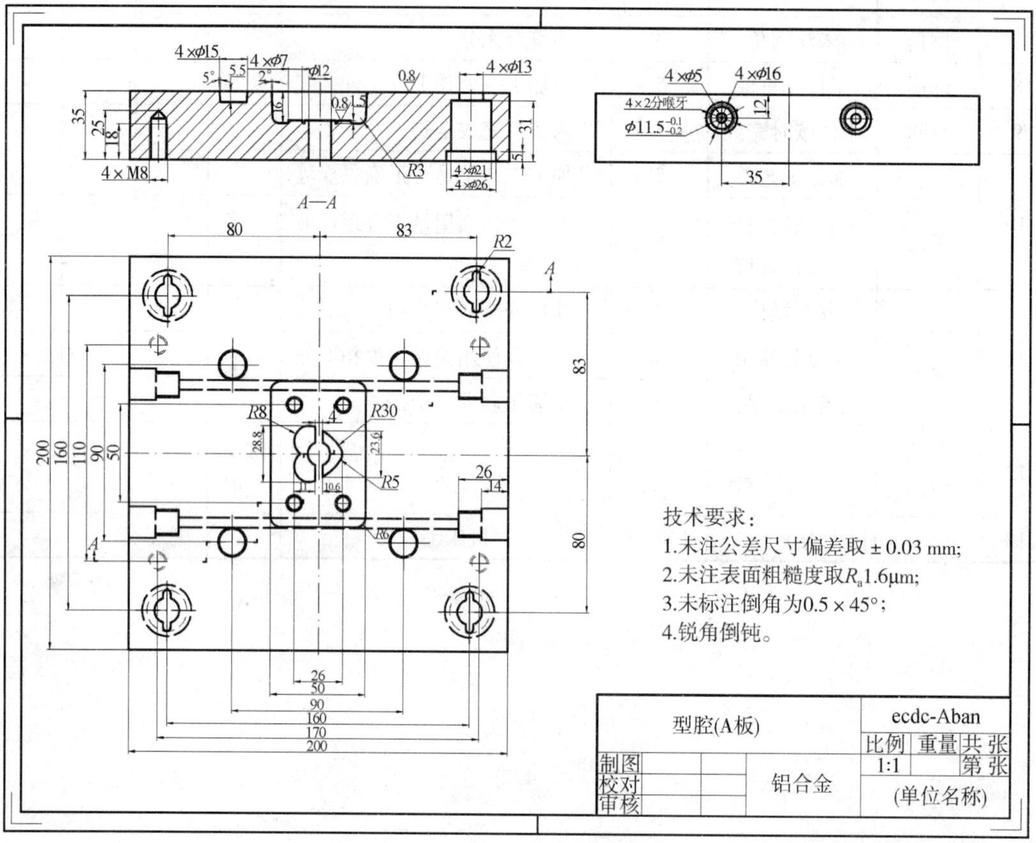
A—A
技术要求：
1.未注公差尺寸偏差取 ± 0.03 mm;
2.未注表面粗糙度取R_a1.6μm;
3.未标注倒角为0.5 × 45°;
4.锐角倒钝。
型腔(A板)
ecdc-Aban
比例 重量 共 张
1:1 第 张
制图
校对
审核
铝合金
(单位名称)

图 1－63　型腔零件设计图

二、任务目标

通过本次工作任务，学生能够熟练完成以下工作：

(1)根据型腔设计图，分析加工工艺；

(2)根据型腔的加工工艺，完成加工前准备工作；

(3)编写加工工艺单，选用合适的工量具与机床完成型腔的加工，并保证加工质量；

(4)运用相应的工量具检测型腔的尺寸精度、形状精度、位置精度、表面粗糙度等。

1.7.2 任务准备

一、技能知识

1. 平面磨削

高精度平面及淬火零件的平面加工，大多数采用平面磨削方法。平面磨削主要在平面磨床上进行。按主轴布局及工作台形状的组合，普通平面磨床可分为四类，如图 1－64 所示。

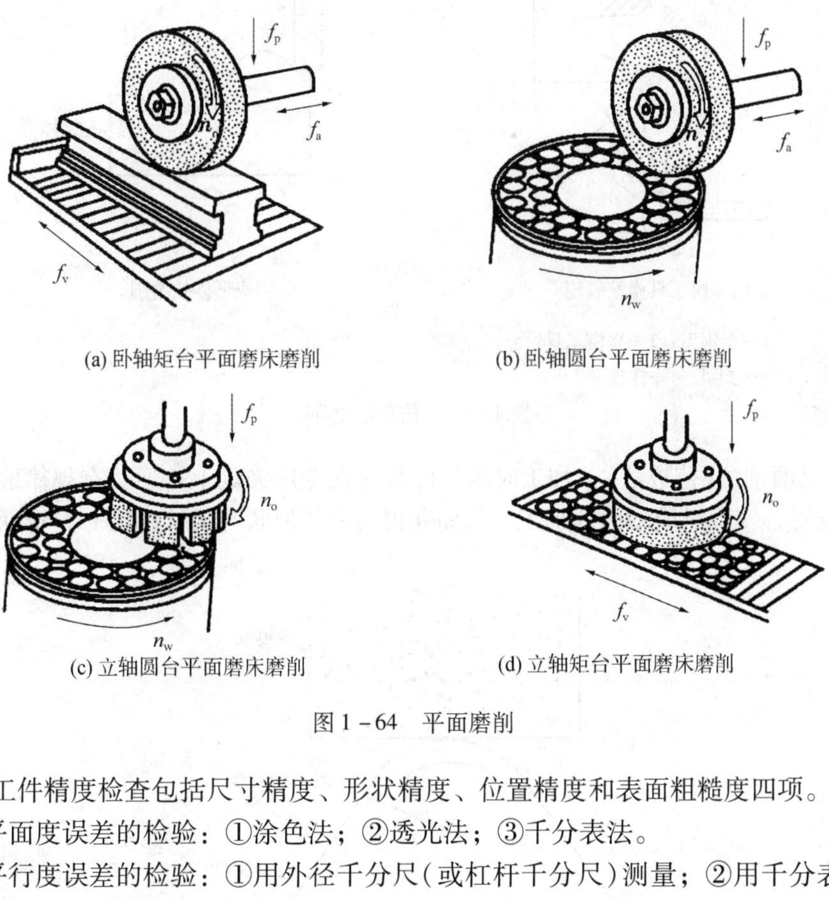

(a) 卧轴矩台平面磨床磨削　(b) 卧轴圆台平面磨床磨削

(c) 立轴圆台平面磨床磨削　(d) 立轴矩台平面磨床磨削

图 1－64　平面磨削

平面工件精度检查包括尺寸精度、形状精度、位置精度和表面粗糙度四项。

(1)平面度误差的检验：①涂色法；②透光法；③千分表法。

(2)平行度误差的检验：①用外径千分尺(或杠杆千分尺)测量；②用千分表(或百分表)测量。

(3)垂直度误差的检验：①用 90°角尺测量；②用 90°圆柱角尺测量；③用百分表(或千分表)测量。

(4)角度的检验

倾斜面与基准面的夹角，如果要求不高，可以用角度尺或万能游标角度尺检验。精度要求高可以用正弦规检验。小型工件的斜角，可以用角度量块比较测量。

2. 成型磨削

进行磨削时，需将外形轮廓分为若干直线或圆弧段，然后，按一定顺序逐段磨削成 g 型，以达到图样的尺寸、形状及其精度要求，这样的加工方式称为成型磨削。成型磨削工艺多用于模具刃口形状以及凸、凹模拼块型面的成型加工，它们的外轮廓多由多条直线与圆弧组成。成型磨削主要有以下两种加工方法：

(1)成型砂轮磨削法(仿形法)：将砂轮修整成与工件型面完全吻合的相反型面，再用砂轮去磨削工件(如图 1－65 所示)。

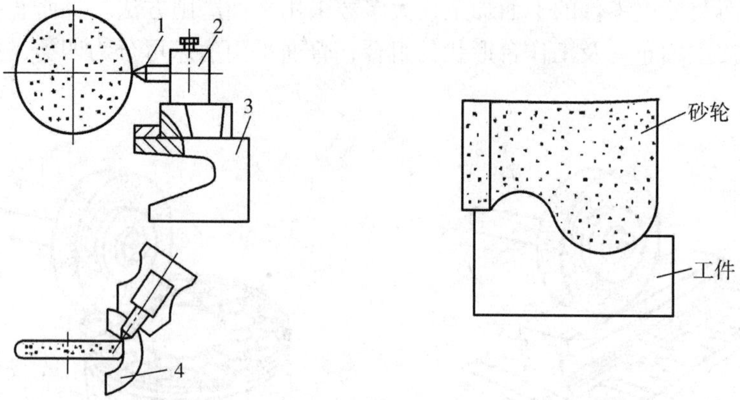

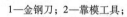

(a) 用靠模工具修整砂轮

(b) 用成形砂轮磨削

1—金钢刀；2—靠模工具；
3—支架；4—样板

图 1－65　仿形法磨削

(2)夹具磨削法(范成法)：加工时将工件装夹在专用夹具上，通过有规律地改变工件与砂轮的位置，实现对成型面的加工，从而获得所需的形状与尺寸(如图 1－66 所示)。

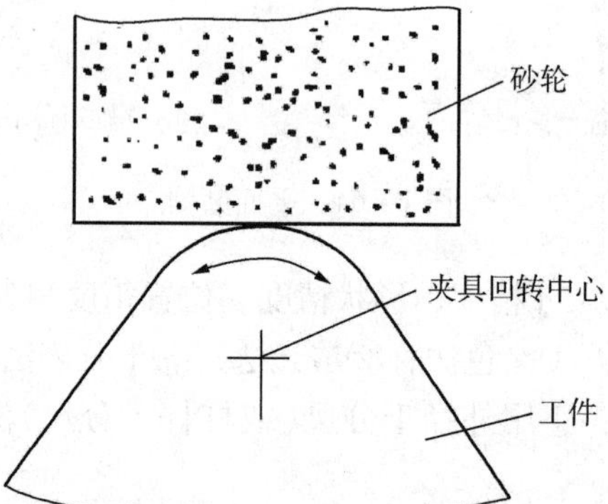

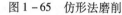

图 1－66　范成法磨削

3. 模具抛光

抛光在模具制作过程中是很重要的一道工序，不仅增加工件的美观，而且能够改善材料表面的耐腐蚀性、耐磨性，还可以方便于后续的注塑加工，如使塑料制品易于脱模，减少生产注塑周期等。要想获得高质量的抛光效果，最重要的是要具备高质量的油石、砂纸和钻石研磨膏等抛光工具和辅助品(如图 1－67 所示)。而抛光程序的选择取决于前期加工后的表面状况，如机械加工、电火花加工、磨加工等等。

图 1－67　抛光工具

二、设计图分析

模具型腔是成型塑件外表面的工作零件，按其结构可分为整体式和组合式两类，二次顶出模具中心型腔为整体式。

根据图 1－63 所示的零件设计图，型腔最大外轮廓为矩形体，其最大尺寸为长______mm×宽______mm×高______mm。

型腔上的各类型孔共有：

ϕ21mm 导套孔______个，沉头直径______mm，其中 3 个导套孔定位尺寸为______mm 和______mm，另一个特殊定位导柱孔定位尺寸为______mm 和______mm；

ϕ5mm 冷却水道通孔______个，定位尺寸为______mm 和______mm；其中ϕ16mm 沉头孔 4 个，沉头孔尺寸为直径______mm 及深______mm；

M8 螺纹孔______个，定位尺寸为______mm 和______mm；

中间浇口套孔直径为______mm。

型腔中部凹模尺寸为长______mm×宽______mm×深______mm；型腔底面有定位圆槽，尺寸为直径______mm 及深______mm，定位尺寸为______mm 和______mm。

型腔的表面粗糙度为______________________________。

型腔选用____________________材料进行加工。

三、毛坯准备

本次毛坯长宽加工余量为 3mm，高度方向加工余量为 5mm，在图 1－68 中标注毛坯尺寸。

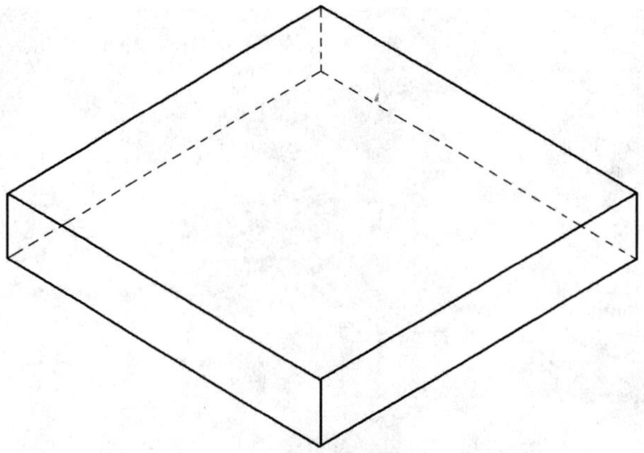

图 1-68　型腔毛坯尺寸

四、机床设备选用

请根据图 1-63 所示的零件设计图，选择合适的机床进行型腔的加工，并填写入表 1-50 加工设备选用表。

1-50　加工设备选用表

序号	加工内容	选用设备	原　因
1	矩形外轮廓 顶面螺纹孔 导套孔 浇口套孔		
2	凹模 定位圆槽		
4	型腔底面精加工	普通磨床	用普通磨床平面磨削型腔底面，完成精加工
5	冷却水道通孔		

五、加工刀具选择

针对不同的加工内容及工件形状，需采用不同的刀具完成加工，请参照型腔设计图（图 1-63）及技术要求，选择合适的加工刀具，并填写入加工刀具选用表（表 1-51）。

表 1－51　加工刀具选用表

序号	加工内容	选用刀具	备　注
1	矩形外轮廓		
2	顶面螺纹孔		
3	导套孔		
4	凹模		
5	定位圆槽		
6	冷却水道孔		
7	型腔底面精加工	细砂轮	在普通磨床上用细砂轮精加工工件表面
8	模具抛光	细砂纸	主要抛光凹模的内表面

六、工量具准备

针对不同的加工内容及工件形状，需采用不同的工量具完成工件装夹、定位、校正、测量等操作，请根据表 1－52 所列的加工内容及型腔的设计图，选用合适的工量具。

表 1－52　加工工量具选用表

序号	加工内容	选用工量具	备　注
1	型腔外形		
2	通孔、沉头孔及螺纹孔		

1.7.3　计划与实施

运用所学的加工知识，参照动模板零件设计图(图 1－25)，分析动模板的加工工艺，并把分析结果按工序填入零件加工工艺单(表 1－53)。

表 1－53　零件加工工艺单

序号	加工内容（包括装夹方式）	刀具规格	机床设备	主轴转速（r/min）	进给速度（mm/min）	背吃刀量（mm）	精加工余量（mm）	备　注
1	机用虎钳装夹工件顶面 *A* 与底面 *B*，进行 *CDEF* 四个侧面的平面铣削							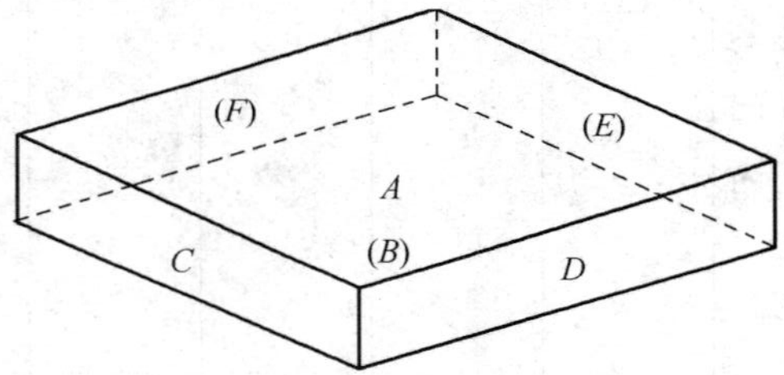 图 1－69　矩形外轮廓 注：参照动模板加工工艺单与型腔设计图加工要求，选择合适的加工刀具和加工要素，进行 *C*、*D*、*E*、*F* 侧面的加工
2	用压板装夹工件 *A* 面，*B* 面朝下，平面铣削 *A* 面							参照动模板加工工作任务中压板装夹下平面铣削的加工方法，选择合适的加工刀具和加工要素，进行 *A* 面的加工
3	导套孔加工							参照顶针底板加工工作任务中沉头孔的加工方法，选择合适的加工刀具和加工要素，进行导套孔的加工。注意在通孔底部有宽 4mm 的直槽
4	顶面螺纹孔加工							参照动模板加工工作任务中底面螺纹孔的加工方法，选择合适的加工刀具和加工要素，进行螺纹孔的加工
5	调头装夹，压板夹紧 *B* 面，*A* 面朝下，平面铣削 *B* 面						0.5	注：工件 *B* 面的平面铣削要留 0.5mm 的精加工余量，采用平面磨削的方法完成 *B* 面的精加工

续表 1-53

序号	加工内容 （包括装夹方式）	刀具 规格	机床 设备	主轴转速 （r/min）	进给速度 （mm/min）	背吃刀量 （mm）	精加工余 量（mm）	备　注
6	凹模与定位圆槽的加工							（1）在 MasterCAM 软件中构建凹模与定位圆槽的实体模型，运用曲面加工刀具路径进行凹模内表面及圆槽的粗、精加工，模拟加工正确后通过后处理器转化数控加工程序 （2）在数控铣床上自动加工凹模与定位圆槽
7	冷却水道加工							参照模脚加工工作任务中深孔、沉头孔及内螺纹的加工方法，选择合适的加工刀具和加工要素，进行冷却水道的加工。注意，由于冷却水道较长，深孔钻削加工难度较大，可从冷却水道的两端分别钻削，在工件中部贯通
8	型腔底面精加工	细砂轮	普通磨床	1000	60	0.2	0	注：平面磨削时要注意控制工件的尺寸精度，避免过切报废工件
9	模具抛光	细砂纸						用砂纸抛光应注意以下几点： （1）用砂纸抛光需要利用软的木棒或竹棒 （2）当换用不同型号的砂纸时，抛光方向应变换 45°～90°，这样前一种型号砂纸抛光后留下的条纹阴影即可分辨出来 （3）为了避免擦伤和烧伤工件表面，在用#1200 和#1500砂纸进行抛光时必须特别小心

1.7.4 评价反馈

一、零件检测

参照表1－54所列的零件检测表，运用合适的工量具对完成加工的型腔进行精度检测，确定加工出来的型腔是否为合格零件。

表1－54 型腔检测表

序号	检测项目	检测内容	配分	检测要求	学生自测		教师测评	
					自测	评分	检测	评分
1	长度	200mm	1	超差0.02mm扣1分				
2	宽度	200mm	1	超差0.02mm扣1分				
3	高度	35mm	1	超差0.02mm扣1分				
4	导套安装孔	ϕ26mm×4	2	超差0.02mm扣2分				
		ϕ21mm×4	2	超差0.02mm扣2分				
		ϕ13mm×4	2	超差0.02mm扣2分				
		深5mm	2	超差0.02mm扣1分				
		深31mm	2	超差0.02mm扣1分				
		横83mm	1	超差不得分				
		纵83mm	1	超差不得分				
		横80mm	1	超差不得分				
		纵80mm	1	超差不得分				
		*R*2mm	1	超差不得分				
5	中部型腔	74mm	1	超差0.02mm扣1分				
		50mm	1	超差0.02mm扣1分				
		深16mm	2	超差0.02mm扣1分				
		深1.5	2	超差0.02mm扣1分				
		ϕ8.1mm×4	2	超差0.02mm扣1分				
		ϕ12mm	2	超差0.02mm扣1分				
		14.4mm	1	超差不得分				
		13.2mm	1	超差不得分				
		4mm	1	超差不得分				
		10mm	1	超差不得分				
		23.6mm	1	超差不得分				
		*R*8mm	1	超差不得分				
		*R*30mm	1	超差不得分				
		*R*5mm	1	超差不得分				

续表 1-54

序号	检测项目	检测内容	配分	检测要求	学生自测		教师测评	
					自测	评分	检测	评分
5	中部型腔	横 26mm	1	超差不得分				
		纵 50mm	1	超差不得分				
		R6mm	1	超差不得分				
		R3mm	1	超差不得分				
		2°	1	超差不得分				
6	定位圆槽	ϕ15mm ×4	2	超差 0.02mm 扣 1 分				
		深 5.5mm	2	超差 0.02mm 扣 1 分				
		5°	1	超差不得分				
		横 90mm	1	超差不得分				
		纵 90mm	1	超差不得分				
7	冷却管道	ϕ16mm ×4	1	超差 0.02mm 扣 1 分				
		ϕ5mm ×4	1	超差 0.02mm 扣 1 分				
		2 分喉牙 ×4	1	超差不得分				
		12mm	1	超差不得分				
		35mm	1	超差不得分				
		深 14mm	1	超差 0.02mm 扣 1 分				
		深 26mm	1	超差 0.02mm 扣 1 分				
8	螺纹孔	M8 ×4	1	超差 0.02mm 扣 1 分				
		170mm	1	超差 0.02mm 扣 1 分				
		110mm	1	超差 0.02mm 扣 1 分				
9	表面粗糙度	R_a0.8μm ×2	6	不符合无分				
		R_a1.6μm	1	一处不合格扣 1 分，扣完为止				
10	倒角	未注倒角	1	不符合无分				
11	外形	工件完整性	2	漏加工一处扣 1 分				
12	时间	工件按时完成	2	未按时完成全扣				
13	加工工艺	加工工艺单	5	加工工艺单是否正确、规范				
		刀具及切削用量选择合理	5	刀具和切削用量不合理每项扣 1 分				
14	现场操作	安全操作	10	违反安全规程全扣				
		工量具使用	5	工量具使用错误一项扣 1 分				
		设备维护保养	5	未能正确保养全扣				

续表 1－54

序号	检测项目	检测内容	配分	检测要求	学生自测		教师测评	
					自测	评分	检测	评分
15	开始时间		结束时间		加工用时			
16	合计(总分)		100 分	机床编号		总得分		

二、学生自评

学生自评表中列出本次工作任务所涉及的主要知识点与技能，请参照表 1－55 进行评价与自我反思。

表 1－55　学生自评表

序号	知识点与技能	是否掌握	优缺点反思
1	普通磨床结构		
2	普通磨床基本操作		
3	磨削工具类型及用途		
4	平面磨削		
5	成型磨削		
6	模具抛光		

三、教师评价

____

____

____

1.7.5 任务拓展

一、成型顶针加工

图 1－70 所示为模具成型顶针零件设计图，请根据此设计图分析成型顶针的加工工艺，编写加工工艺单，完成成型顶针的加工。参照表 1－56 所列成型顶针检测表进行零件检测。

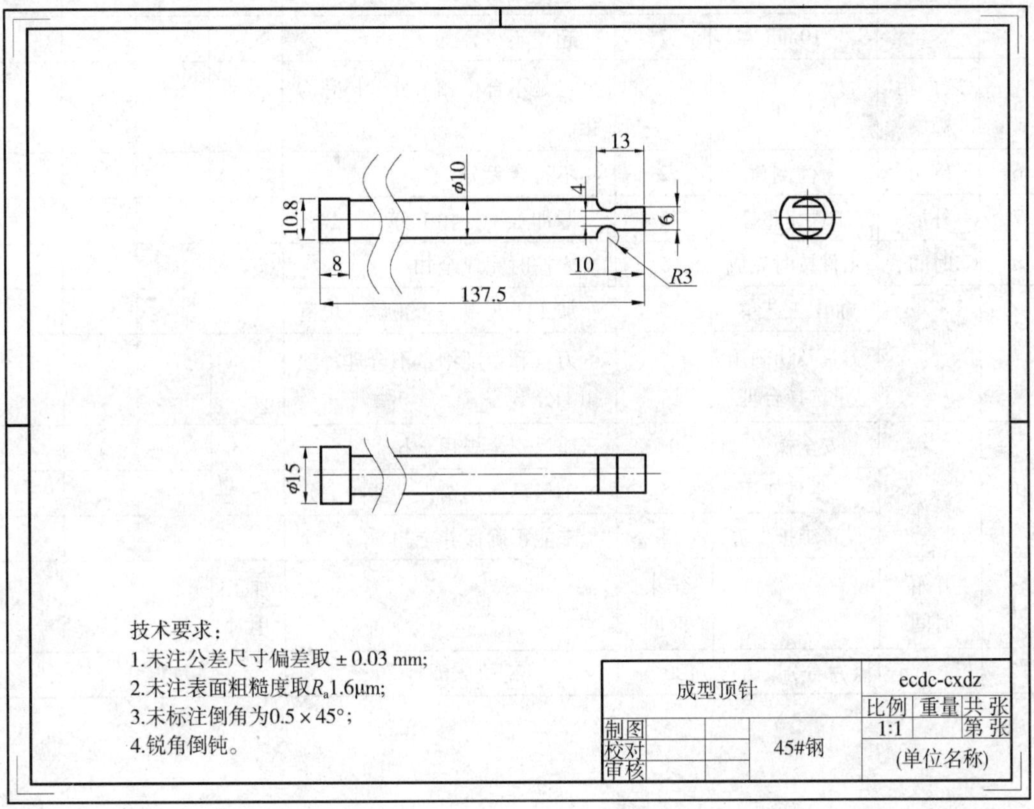

图 1－70 成型顶针零件设计图

表 1－56 成型顶针检测表

序号	检测项目	检测内容	配分	检测要求	学生自测		教师测评	
					自测	评分	检测	评分
1	长度	137.5mm	6	超差 0.02mm 扣 2 分				
		8mm	10	超差 0.02mm 扣 2 分				
2	外圆	ϕ 15mm	6	超差 0.02mm 扣 2 分				
		ϕ 10mm	10	超差 0.02mm 扣 2 分				
3	固定平头	10.8mm	3	超差不得分				

续表 1－56

<table>
<tr><th rowspan="2">序号</th><th rowspan="2">检测项目</th><th rowspan="2">检测内容</th><th rowspan="2">配分</th><th rowspan="2">检测要求</th><th colspan="2">学生自测</th><th colspan="2">教师测评</th></tr>
<tr><th>自测</th><th>评分</th><th>检测</th><th>评分</th></tr>
<tr><td rowspan="5">4</td><td rowspan="5">成型端</td><td>$R3$mm</td><td>6</td><td>超差 0. 02mm 扣 2 分</td><td></td><td></td><td></td><td></td></tr>
<tr><td>6mm</td><td>6</td><td>超差 0. 02mm 扣 2 分</td><td></td><td></td><td></td><td></td></tr>
<tr><td>4mm</td><td>2</td><td>超差不得分</td><td></td><td></td><td></td><td></td></tr>
<tr><td>13mm</td><td>2</td><td>超差不得分</td><td></td><td></td><td></td><td></td></tr>
<tr><td>10mm</td><td>2</td><td>超差不得分</td><td></td><td></td><td></td><td></td></tr>
<tr><td>5</td><td>表面粗糙度</td><td>$R_a1.6\mu m$</td><td>5</td><td>一处不合格扣 1 分，扣完为止</td><td></td><td></td><td></td><td></td></tr>
<tr><td>6</td><td>倒角</td><td>未注倒角</td><td>2</td><td>不符合无分</td><td></td><td></td><td></td><td></td></tr>
<tr><td>7</td><td>外形</td><td>工件完整性</td><td>5</td><td>漏加工一处扣 1 分</td><td></td><td></td><td></td><td></td></tr>
<tr><td>8</td><td>时间</td><td>工件按时完成</td><td>5</td><td>未按时完成全扣</td><td></td><td></td><td></td><td></td></tr>
<tr><td rowspan="2">9</td><td rowspan="2">加工工艺</td><td>加工工艺单</td><td>5</td><td>加工工艺单是否正确、规范</td><td></td><td></td><td></td><td></td></tr>
<tr><td>刀具及切削用量选择合理</td><td>5</td><td>刀具和切削用量不合理每项扣 1 分</td><td></td><td></td><td></td><td></td></tr>
<tr><td rowspan="3">10</td><td rowspan="3">现场操作</td><td>安全操作</td><td>10</td><td>违反安全规程全扣</td><td></td><td></td><td></td><td></td></tr>
<tr><td>工量具使用</td><td>5</td><td>工量具使用错误一项扣 1 分</td><td></td><td></td><td></td><td></td></tr>
<tr><td>设备维护保养</td><td>5</td><td>未能正确保养全扣</td><td></td><td></td><td></td><td></td></tr>
<tr><td>11</td><td>开始时间</td><td></td><td>结束时间</td><td></td><td>加工用时</td><td colspan="3"></td></tr>
<tr><td>12</td><td colspan="2">合计(总分)</td><td>100 分</td><td>机床编号</td><td></td><td colspan="2">总得分</td><td></td></tr>
</table>

项目二

斜导柱模具加工

一、斜导柱模具结构

图 2－1 为斜导柱模具的装配图，请参照此图及实物模型，识别各个模具零件，并确定各零件的材质、功用与数量，把结果填入表 2－1 所示斜导柱模具零件列表中。

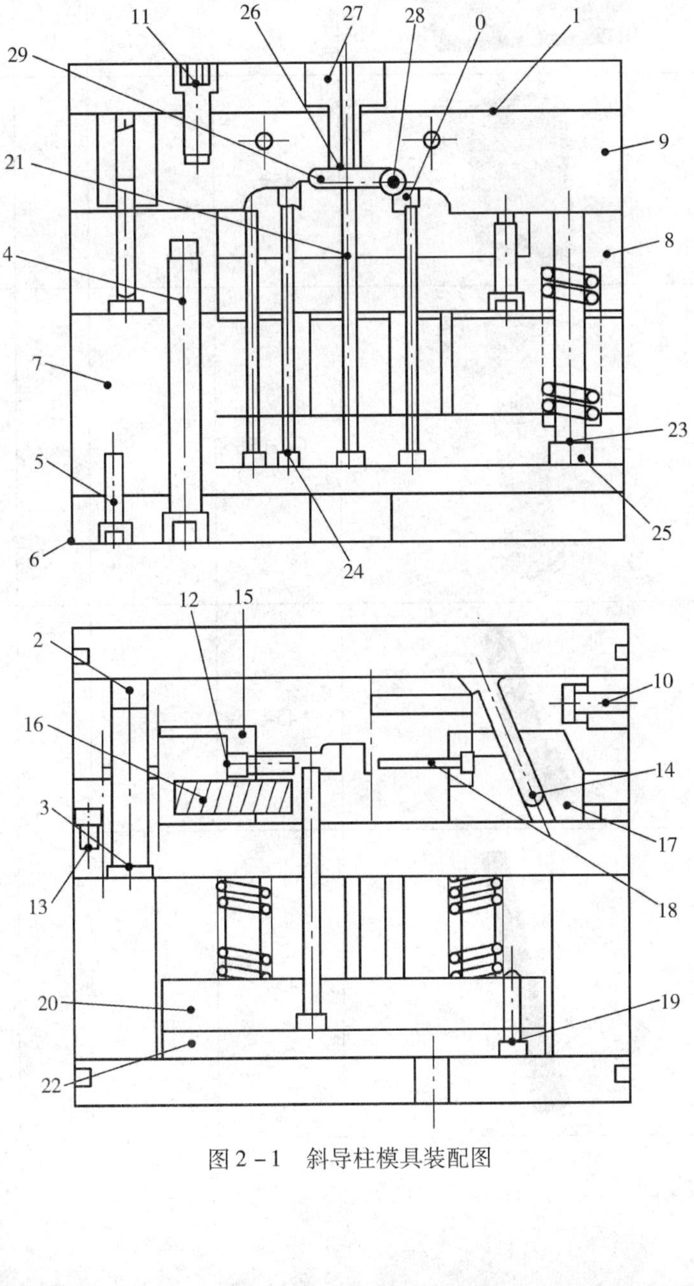

图 2－1　斜导柱模具装配图

表2－1　斜导柱模具零件列表

零件编号	零件名称	3D 图	材质	零件功用	数量	备　注
0			透明的LDPE，并且加少量的黄色LDPE 专用色种料			
1			S50C			
2			45#			
3			GCr15			
4			45#			
5			45#			

续表 2－1

零件编号	零件名称	3D 图	材质	零件功用	数量	备　注
6			S50C			
7			S50C			
8		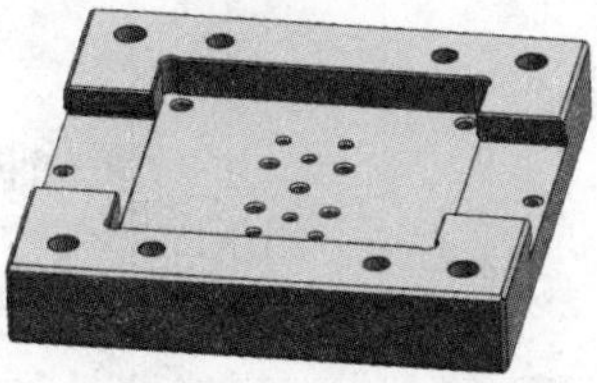	S50C			
9		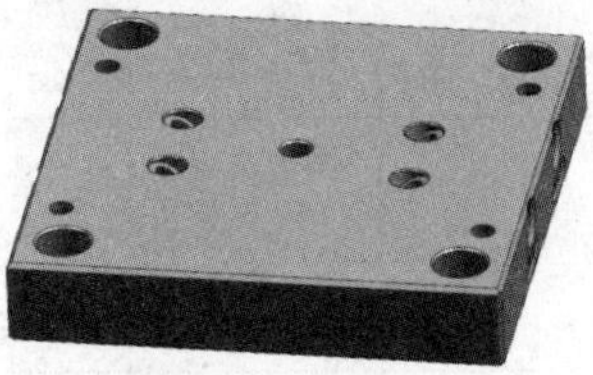	2738			
10			STD	用于安装型腔	1	根据实际情况，有时会做成整体式，以增强强度
11			45#			

续表 2－1

零件编号	零件名称	3D 图	材质	零件功用	数量	备　注
12			45#			
13			45#			
14	斜导柱		SUJ2	提供动力，带动滑块运动	4	
15	滑块配件（镶针固定板）		45#	用于固定镶针	2	有时会采用无头螺丝固定镶针
16			65Mn			
17	滑块座（侧滑块）		P20	直接参与成型或安装成型零件以及抽芯导向	2	通常情况下，滑块座是单独与压板一起，形成运动导轨

续表 2－1

零件编号	零件名称	3D 图	材质	零件功用	数量	备 注
18	镶针		2738	成型产品上细而长的孔特征	5	防止断裂、磨损后便于更换
19			45#			
20		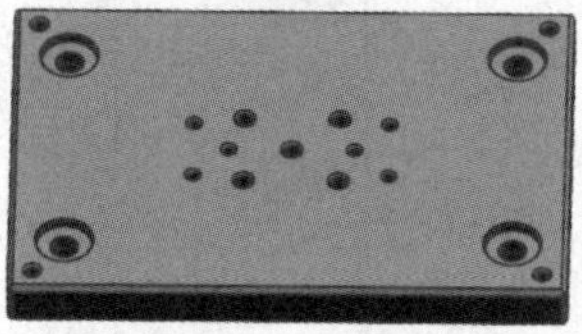	S50C	用于成型产品的外表面	1	在装配图中与定模板成整体式
21	拉料杆		SKD61	用于勾住浇注系统凝料，使主流道凝料从浇口套中脱离出来	1	
22			S50C			

续表 2-1

零件编号	零件名称	3D 图	材质	零件功用	数量	备　注
23		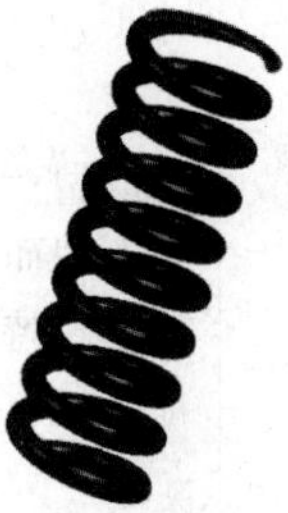	65Mn			
24			SKD61			
25			T10A			
26、27	主流道、浇口套	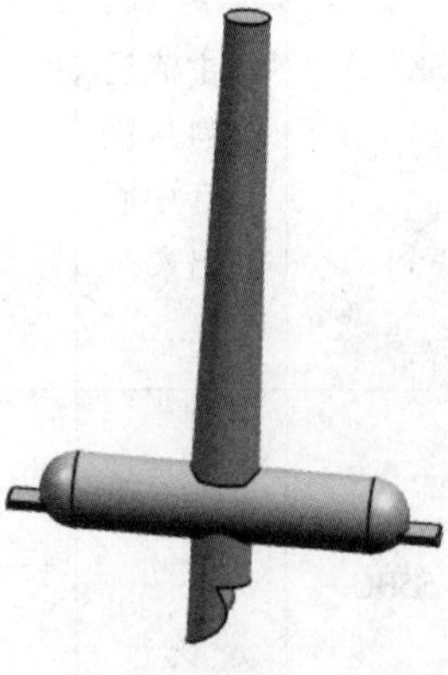	透明的 LDPE，并且加少量的黄色 LDPE 专用色种料	作为浇注系统的主流道	1	便于更换和维修
28	侧浇口			分流道和型腔的通道	2	浇口的大小、形式和位置对产品的外观和质量影响巨大
29	分流道			用于连接浇口和主流道	1	分流道大小与塑料性质、流动长度、壁厚等因素有关

续表 2－1

零件编号	零件名称	3D 图	材质	零件功用	数量	备　注
30			45#			
31		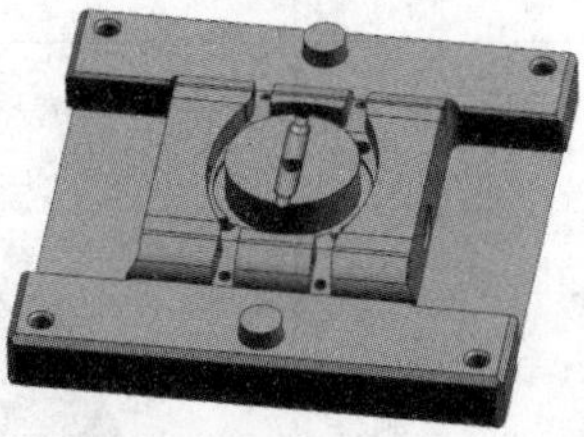	2738			

二、斜导柱模具工作原理

参照斜导柱模具装配图(图 2－1)、零件列表及实物模型，分析斜导柱模具的工作原理，把分析结果写入下方横线中。

三、斜导柱模具装配说明

完成斜导柱模具的各零件加工后，请参照斜导柱模具装配图(图 2－1)及装配流程表(表 2－2)，完成模具的装配。

表2-2 斜导柱模具装配流程表

序号	零件编号	零件名称	实物图	使用工具	备注
1	8	动模板		手工	取出动模板准备装配
2	3	导柱		铜棒	使用铜棒将动模导柱敲入动模板 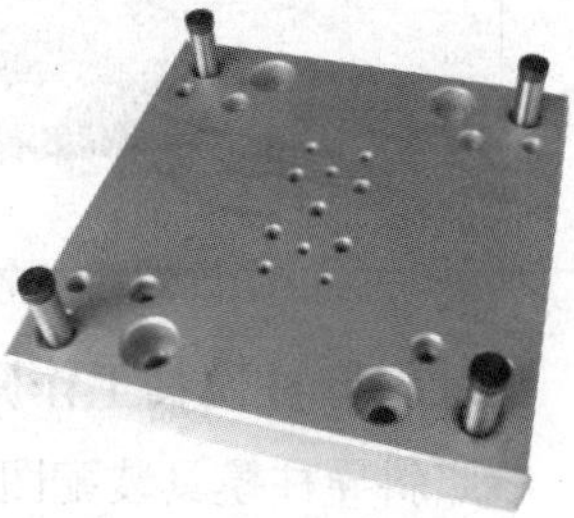
3	31	型芯		胶锤或铜棒	把型芯装入动模板 
4	30	型芯固定螺钉		内六角扳手、套筒	使用内六角扳手把螺钉拧入型芯 

续表 2-2

序号	零件编号	零件名称	实物图	使用工具	备注
5	23	复位弹簧	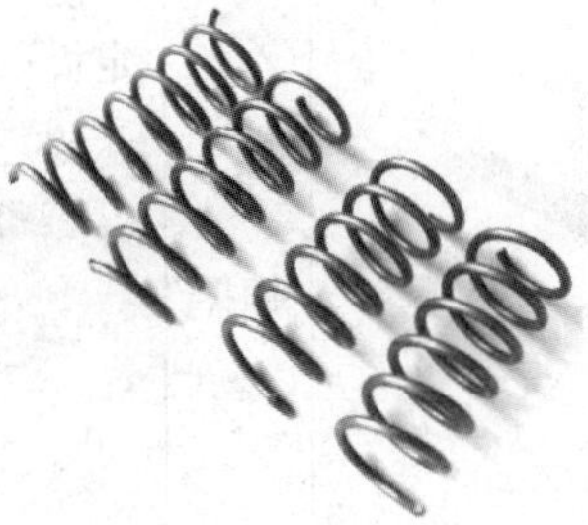	手工	把复位弹簧放入合适的位置 
6	20	顶针固定板	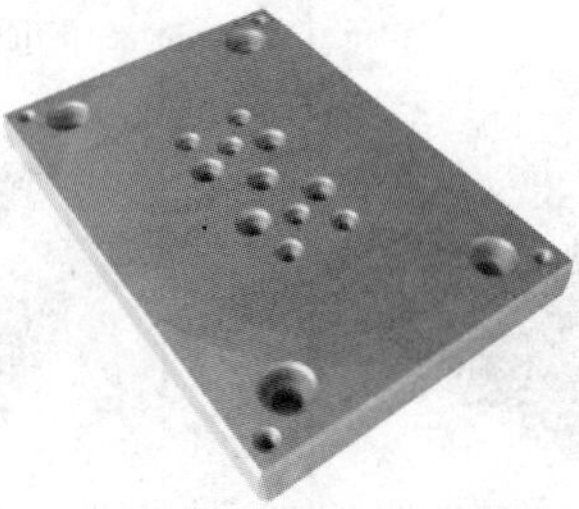	手工	把顶针固定板放置于复位弹簧上 
7	25	复位杆		铜棒	使用铜棒把复位杆敲入顶针固定板 
8	24	顶杆		铜棒	使用铜棒把顶杆敲入顶针固定板 

续表 2－2

序号	零件编号	零件名称	实物图	使用工具	备　注
9	21	拉料杆	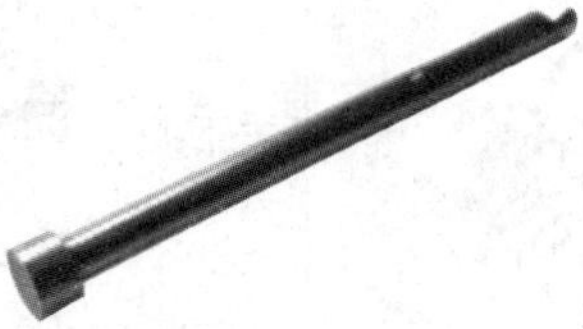	铜棒	使用铜棒把拉料杆敲入顶针固定板 
10	22	顶针底板		手工	把顶针底板放置到合适位置 
11	19	顶出板固定螺钉		内六角扳手、套筒	使用内六角扳手把螺钉拧入 
12	7	模脚		手工	取出模脚准备装配

续表 2-2

序号	零件编号	零件名称	实物图	使用工具	备注
13	6	动模座板		手工	把动模座板放到模脚的合适位置 
14	4	模脚固定螺钉		内六角扳手、套筒	使用内六角扳手把螺钉旋入动模座板和模脚 
15	—	—		手工（吊环、通用手柄、钢丝绳、行车）	把步骤 11 完成的组装件和步骤 14 完成的组装件进行装配
16	5	动模板固定螺钉		内六角扳手、套筒	把螺钉拧入动模板 

续表 2－2

序号	零件编号	零件名称	实物图	使用工具	备　注
17	15	镶针固定板		手工	手工取出镶针固定板准备装配
18	18	镶针	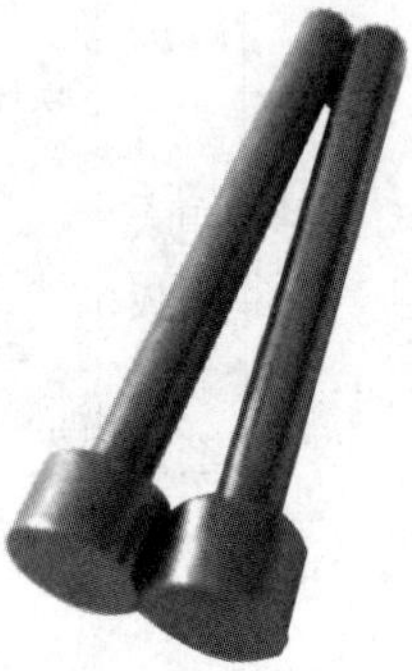	手工	把镶针装入镶针固定板的镶针孔 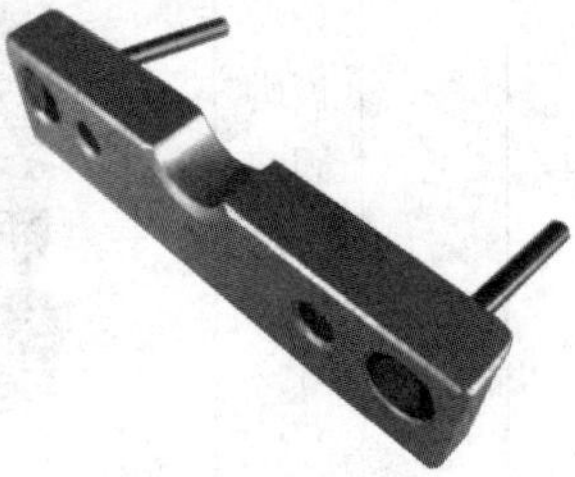
19	17	滑块座		手工	手工把滑块座和步骤 18 装配好的组装件合在一起 
20	12	镶针固定板固定螺钉		内六角扳手、套筒	使用内六角扳手把螺钉拧入滑块座 

续表 2－2

序号	零件编号	零件名称	实物图	使用工具	备　注
21	16	滑块弹簧	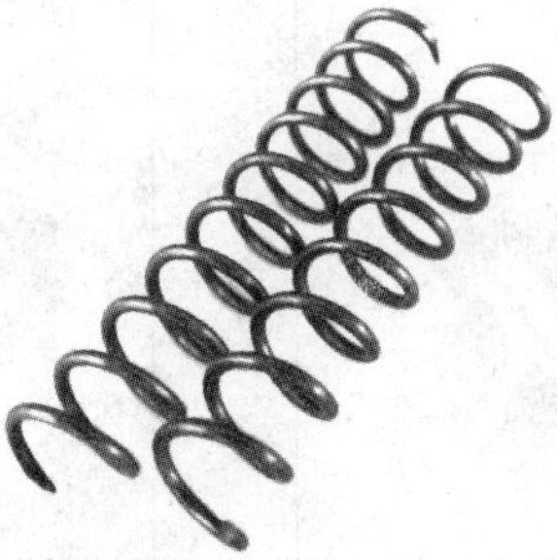	手工	把弹簧放入步骤 16 装配完成的组装件的弹簧孔 
22	—	—		手工	把步骤 20 装配完成的组装件装入步骤 21 装配完成的组装件中
23	13	限位螺钉		内六角扳手、套筒	使用内六角扳手把限位螺钉拧入动模板，动模部分安装完毕 
24	9	定模板		手工	取出定模板准备装配

续表 2－2

序号	零件编号	零件名称	实物图	使用工具	备　注
25	2	导套		铜棒	使用铜棒把导套敲入定模板 
26	14	斜导柱		铜棒	使用铜棒把斜导柱敲入定模板 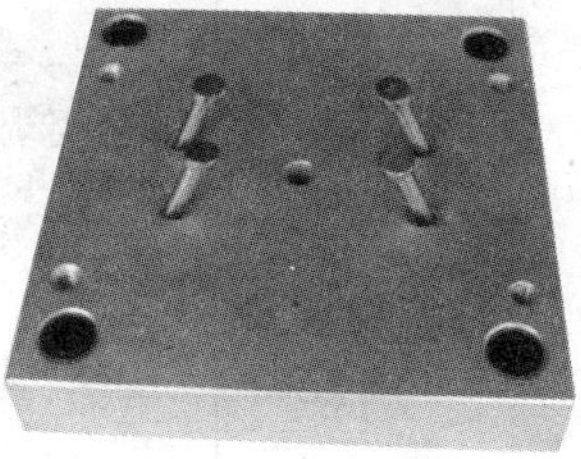
27	1	定模座板		手工	把定模座板和定模板放置到合适位置 
28	11	定模板固定螺钉		内六角扳手、套筒	使用内六角扳手把螺钉拧入定模板 

续表 2-2

序号	零件编号	零件名称	实物图	使用工具	备　注
29	27	浇口套		铜棒	使用铜棒把浇口套敲入定模板和定模座板 
30	10	快速接头		活动扳手	使用活动扳手把快速接头拧入定模板，定模部分装配完毕 
31	—	—		吊环、通用手柄、钢丝绳、行车、铜棒	把步骤 30 组装完成的定模部分装配到步骤 23 组装完成的动模部分

任务一　滑块加工

2.1.1　任务描述

一、任务内容

企业接到加工12件斜导柱模具滑块的生产订单，图2－2所示为滑块零件设计图，要求在1天内按设计图完成所有滑块的加工，并保证滑块的加工质量。请根据滑块的设计图分析加工工艺，做好加工前的准备工作，编写加工工艺单，在计划时间内完成滑块的加工。

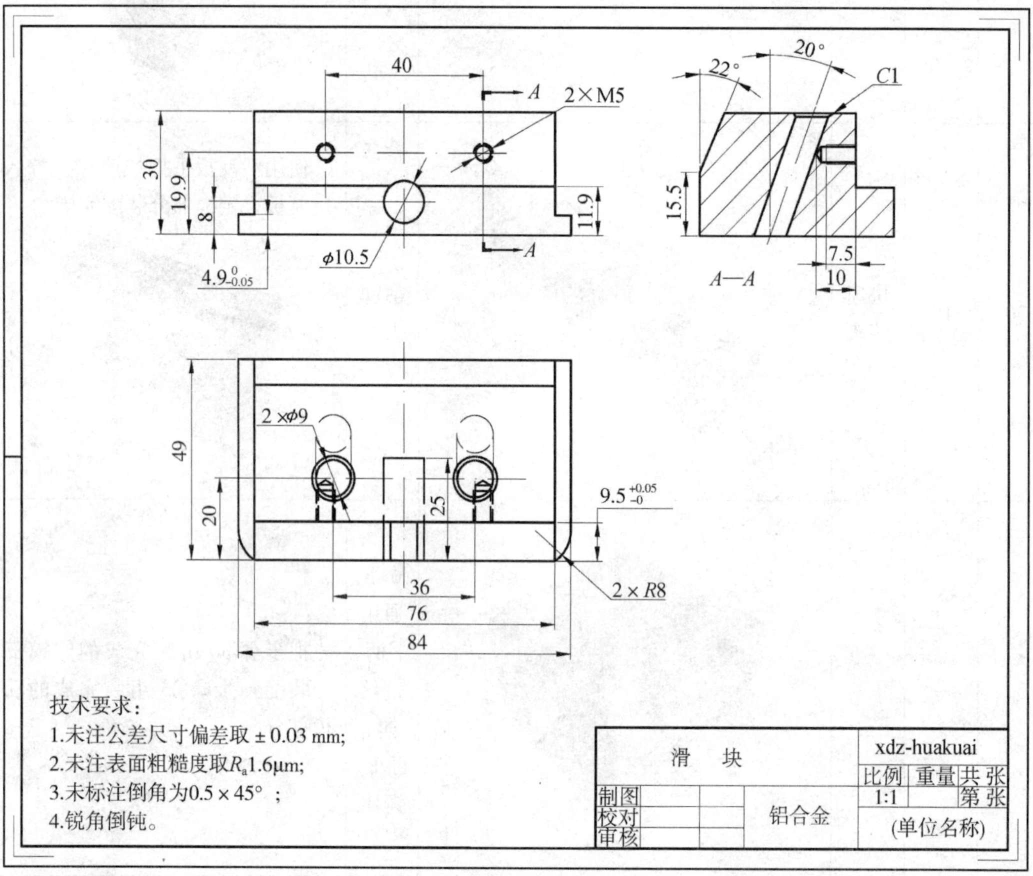

图2－2　滑块零件设计图

二、任务目标

通过本次工作任务，学生能够熟练完成以下工作：

(1)根据滑块设计图，分析加工工艺；

(2)根据滑块的加工工艺，完成加工前准备工作；

(3)编写加工工艺单，选用合适的工量具与机床完成滑块的加工，并保证加工质量；

(4)运用相应的工量具检测滑块的尺寸精度、形状精度、位置精度、表面粗糙度等。

2.1.2 任务准备

一、技能知识

1. 斜孔加工

斜孔的加工方法如图 2-3 所示，加工的注意事项为：

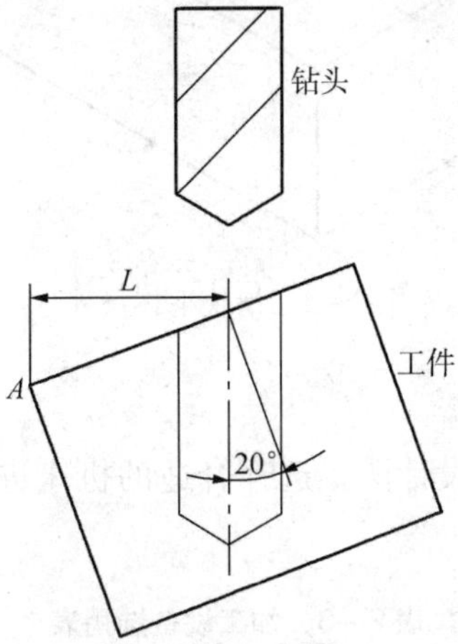

图 2-3 斜孔加工

(1)为保证斜孔的中心定位精度，最好采用数控机床进行加工。

(2)除采用专用夹具进行装夹外，在机用虎钳等通用夹具上装夹加工，可把工件摆成特定的角度，使斜孔中心轴线与机床 Z 轴方向平行(如图 2-3 所示)，用万能角度尺检测装夹是否正确。

(3)采用寻边器(分中棒)以工件侧边 A 为基准进行对刀，参照工件设计图的尺寸标注计算孔中心到侧边 A 的距离 L，以确定孔的中心坐标。

(4)钻削加工斜孔时，为避免麻花钻受倾斜面影响跳动弯折，应先用中心钻加工定位中心孔，再用较小直径的麻花钻钻削出引导孔，最后用符合孔径的麻花钻完成钻削。

二、设计图分析

滑块在斜导柱模具中可沿导滑槽完成侧抽芯动作，是斜导柱模具中的重要部件。

根据图 2-2 所示的零件设计图，滑块最大外轮廓为矩形体，其最大尺寸为长______mm×宽______mm×高______mm。

滑块上共有 ϕ9mm 斜孔______个，定位尺寸为______mm、______mm。

滑块后面为倾斜面，定位尺寸为______mm，角度为________。

滑块侧边有 2 个导滑条，其高为______mm，宽为______mm。

滑块的表面粗糙度为__________________。

滑块选用____________________材料进行加工。

三、毛坯准备

本次毛坯长宽加工余量为 3mm，高度方向加工余量为 5mm，在图 2-4 中标注毛坯尺寸。

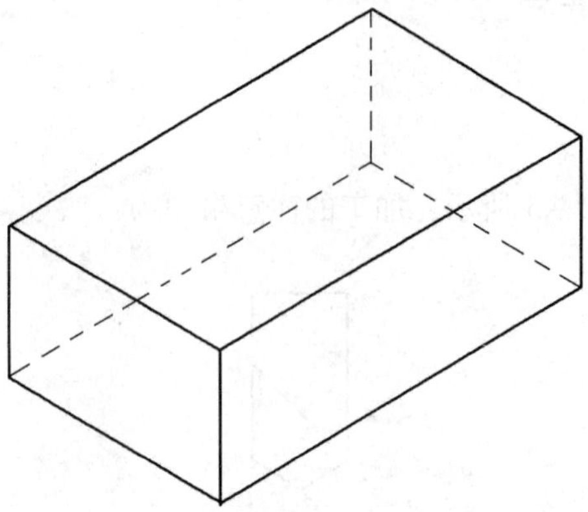

图 2-4　滑块毛坯尺寸

四、机床设备选用

请根据图 2-2 所示的零件设计图，选择合适的机床进行滑块的加工，并填写入加工设备选用表(表 2-3)。

表 2-3　加工设备选用表

序号	加工内容	选用设备	原　因
1	滑块外形	数控铣床	由于滑块上有斜面、倒角面、圆弧面、斜孔等形状较复杂的部位，为保证加工精度，宜采用数控铣床进行加工

五、加工刀具选择

针对不同的加工内容及工件形状，需采用不同的刀具完成加工，请参照滑块零件设计图(图 2-2)及技术要求，选择合适的加工刀具，并填写入表 2-4。

表 2-4　加工刀具选用表

序号	加工内容	选用刀具	备　注
1	滑块平面	ϕ60 盘铣刀	盘铣刀用于加工大平面，确定工件基准面
2	滑块配件安装台阶面及导滑条	ϕ16 立铣刀、ϕ4 麻花钻、M5 丝锥	用立铣刀圆柱侧刃切削加工工件外轮廓面及台阶 ϕ3.5 麻花钻、M5 丝锥加工 M5 螺纹孔
3	滑块斜面	ϕ8 球头铣刀	用球头铣刀的球面刀刃分层加工斜面，每层间隔 0.2mm 作用，保证斜面表面粗糙度
4	滑块斜导柱孔	中心钻、ϕ4 麻花钻、ϕ8.5 麻花钻、ϕ9 铰刀、倒角刀	由于斜导柱孔与加工表面不垂直，容易使大钻头弯曲，应先用中心钻与小钻头加工出导引孔

六、工量具准备

针对不同的加工内容及工件形状，需采用不同的工量具完成工件装夹、定位、校正、测量等操作，请根据表 2－5 所列的加工内容及滑块的设计图，选用合适的工量具。

表 2－5 加工工量具选用表

序号	加工内容	选用工量具	备 注
1	滑块平面	机用虎钳、直角尺	用直角尺确定平面度
2	滑块配件安装台阶面及导滑条	游标卡尺、千分尺、深度千分尺、螺纹塞尺、分中棒	用深度千分尺检测配件安装台阶，保证其深度及宽度
3	滑块斜面	万能角度尺、游标卡尺	用万能角度尺检测斜面与水平面的角度，保证加工精度 用游标卡尺检测斜面的位置尺寸
4	滑块斜导柱孔	内径千分尺、游标卡尺	用游标卡尺检测斜导柱孔的位置尺寸

2.1.3 计划与实施

运用所学的加工知识，参照滑块设计图(图 2－2)，分析滑块的加工工艺，并把分析结果按工序填入零件加工工艺单(表 2－6)。注：此处所制定的加工工艺主要针对 FANUC 数控系统与 MasterCAM 数控编程软件。

表 2-6 零件加工工艺单

序号	加工内容（包括装夹方式）	刀具规格	机床设备	主轴转速（r/min）	进给速度（mm/min）	背吃刀量（mm）	精加工余量（mm）	备注
1	机床虎钳装夹 *D*、*F* 面，*B* 面朝上		数控铣床					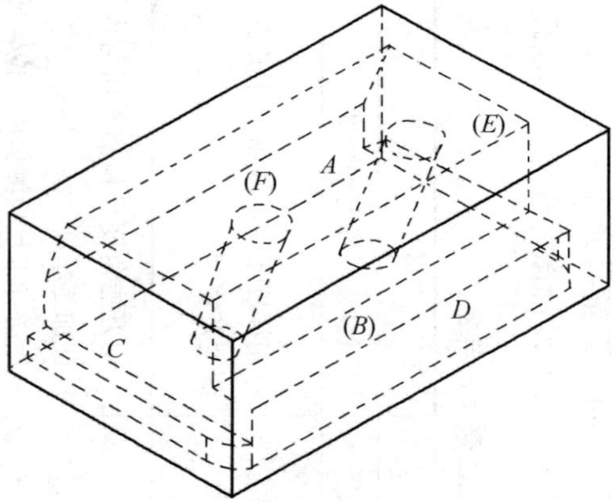 图 2-5　矩形外轮廓 注：带括号的字母代表工件的背面
2	平面铣削 *B* 面	*Φ*60 盘铣刀	数控铣床	1500	400	1	0.2	用平面铣削刀具路径完成工件基准平面加工，为保证工件高度，*B* 面的切削深度控制在 1mm 左右
3	外形铣削矩形侧面	*Φ*16 立铣刀	数控铣床	2000	600	5	0.2	注：外形铣削包括 *R*8mm 的圆弧。铣削高度以不干涉夹爪为准
4	调头机用虎钳装夹工件 *A*、*B* 面，*D* 面朝上		数控铣床					已完成加工的 *B* 面与机用虎钳的固定卡爪平面贴合，用分中棒以 *B* 面以及完成部分切削的侧面作为基准面进行对刀
5	平面铣削 *D* 面	*Φ*16 立铣刀	数控铣床	2000	600	5	0.2	用平面铣削刀具路径完成工件平面加工，分粗、精加工，保证 *D* 面平面度，与第 3 步加工的部分面平齐

续表 2-6

序号	加工内容（包括装夹方式）	刀具规格	机床设备	主轴转速（r/min）	进给速度（mm/min）	背吃刀量（mm）	精加工余量(mm)	备　注
6	滑块配件安装台阶铣削	ϕ16 立铣刀	数控铣床	2000	600	5	0.2	为保证配件安装台阶深度与宽度的尺寸精度，完成粗加工后，用深度千分尺与千分尺分别以 *D* 面与 *B* 面为基准进行检测
7	M5 螺纹孔加工	ϕ4 麻花钻、M5 丝锥	数控铣床	钻削：200	钻削：50			为保证加工精度，在钻完小径孔，保持工件装夹在机用虎钳上，直接用 M5 丝锥手动攻螺纹
8	调头机用虎钳装夹工件 *D*、*F* 面，*A* 面朝上		数控铣床					
9	平面铣削 *A* 面	ϕ60 盘铣刀	数控铣床	1500	400	1	0.2	用平面铣削刀具路径完成工件基准平面加工，要求保证工件高度尺寸
10	外形铣削矩形侧面	ϕ16 立铣刀	数控铣床	2000	600	5	0.2	注：(1)因装夹高度限制及后续斜孔加工要求，*C*、*E* 两侧面的外形铣削，只需到导滑条的外侧面即可 (2)因 *D* 面的外形已加工，外形铣削时可不考虑
11	斜面铣削	ϕ16 立铣刀、ϕ8 球头铣刀	数控铣床	粗铣：2000 精铣：3000	600	粗铣：1 精铣：0.2	0.5	注：可采用“平行铣削”刀具路径进行斜面的粗、精加工，先用ϕ16 立铣刀完成粗加工，再用ϕ8 球头铣刀进行精加工
12	倾斜工件进行装夹 *C*、*E* 面，进行斜孔粗加工		数控铣床					注：(1)把工件摆成特定的角度，使斜孔中心轴线与机床 *Z* 轴方向平行(如图 2-3 所示)，用万能角度尺检测装夹角度是否正确 (2)先用中心钻加工定位中心孔，再用较小直径的麻花钻钻削出引导孔，最后用符合孔径的麻花钻完成钻削

续表 2-6

序号	加工内容（包括装夹方式）	刀具规格	机床设备	主轴转速（r/min）	进给速度（mm/min）	背吃刀量（mm）	精加工余量（mm）	备注
13	斜孔精加工	中心钻、ϕ4 麻花钻、ϕ8.5 麻花钻、ϕ9 铰刀	数控铣床	中心钻：1000 钻铰孔：200	60			（1）先用中心钻加工出中心孔，为钻头加工定位 （2）用ϕ4 麻花钻加工出导引孔，可以不钻通 （3）用ϕ8.5 麻花钻加工出通孔 （4）用ϕ9 铰刀进行孔的精加工
14	斜孔倒角	倒角刀	数控铣床	1000	200	1		手动方式加工倒角： （1）在数控系统 MDI 方式下把倒角刀定位到斜孔中心 （2）用手轮控制倒角刀接触试切孔顶端 （3）在相对坐标中把 Z 轴坐标值清零 （4）参照相对坐标的 Z 值，手轮控制倒角刀缓慢切深 1mm （5）把倒角刀提升到安全高度，完成加工
15	调头装夹工件 A、B 面，C 面朝上，铣削导滑条	ϕ16 立铣刀	数控铣床	2000	600	5	0.2	加工时，特别控制导滑条的高度尺寸精度，保证导滑条与导滑槽能较好地配合工作
16	调头装夹工件 A、B 面，E 面朝上，铣削导滑条	ϕ16 立铣刀	数控铣床	2000	600	5	0.2	

2.1.4 评价反馈

一、零件检测

参照表 2－7 所列的滑块零件检测表，运用合适的工量具对完成加工的滑块进行精度检测，确定加工出来的滑块是否为合格零件。

表 2－7 滑块零件检测表

序号	检测项目	检测内容	配分	检测要求	学生自测		教师测评	
					自测	评分	检测	评分
1	长度	84mm	2	超差 0.02mm 扣 2 分				
2	宽度	49mm	2	超差 0.02mm 扣 2 分				
3	高度	30mm	2	超差 0.02mm 扣 2 分				
4	斜面	15.5mm	3	超差 0.02mm 扣 2 分				
		22°	3	超差不得分				
5	滑块配件安装台阶	11.9mm	3	超差 0.02mm 扣 2 分				
		9.5mm	3	超差 0.02mm 扣 2 分				
		76mm	3	超差 0.02mm 扣 2 分				
		M5×2	2	超差不得分				
		7.5mm	2	超差不得分				
		10mm	2	超差不得分				
		40mm	2	超差不得分				
		19.9mm	2	超差不得分				
6	导滑条	*R*8mm×2	2	超差不得分				
		4.9mm	3	超差 0.02mm 扣 2 分				
7	弹簧孔	φ10.5mm	2	超差 0.02mm 扣 2 分				
		25mm	2	超差不得分				
		8mm	2	超差不得分				
8	斜导柱孔	φ9mm×2	3	超差 0.02mm 扣 2 分				
		20°	3	超差不得分				
		20mm	3	超差不得分				
		36mm	3	超差不得分				
		*C*1	2	超差不得分				

续表 2-7

序号	检测项目	检测内容	配分	检测要求	学生自测		教师测评	
					自测	评分	检测	评分
9	表面粗糙度	$R_a1.6\mu m$	2	一处不合格扣1分，扣完为止				
10	倒角	未注倒角	2	不符合无分				
11	外形	工件完整性	5	漏加工一处扣1分				
12	时间	工件按时完成	5	未按时完成全扣				
13	加工工艺	加工工艺单	5	加工工艺单是否正确、规范				
		刀具及切削用量选择合理	5	刀具和切削用量不合理每项扣1分				
14	现场操作	安全操作	10	违反安全规程全扣				
		工量具使用	5	工量具使用错误一项扣1分				
		设备维护保养	5	未能正确保养全扣				
15	开始时间		结束时间		加工用时			
16	合计(总分)		100分	机床编号		总得分		

二、学生自评

学生自评表中列出本次工作任务所涉及的主要知识点与技能，请参照表2-8进行评价与自我反思。

表2-8 学生自评表

序号	知识点与技能	是否掌握	优缺点反思
1	斜面铣削		
2	斜孔加工		

三、教师评价

____

____

____

2.1.5 任务拓展

一、型芯加工

图2－6所示为斜导柱模具型芯的零件设计图，请根据此设计图分析型芯的加工工艺，编写加工工艺单，完成型芯的加工。参照表2－9所列型芯检测表进行零件检测。

（注：型芯上的两个导滑槽应与动模板进行组合加工。）

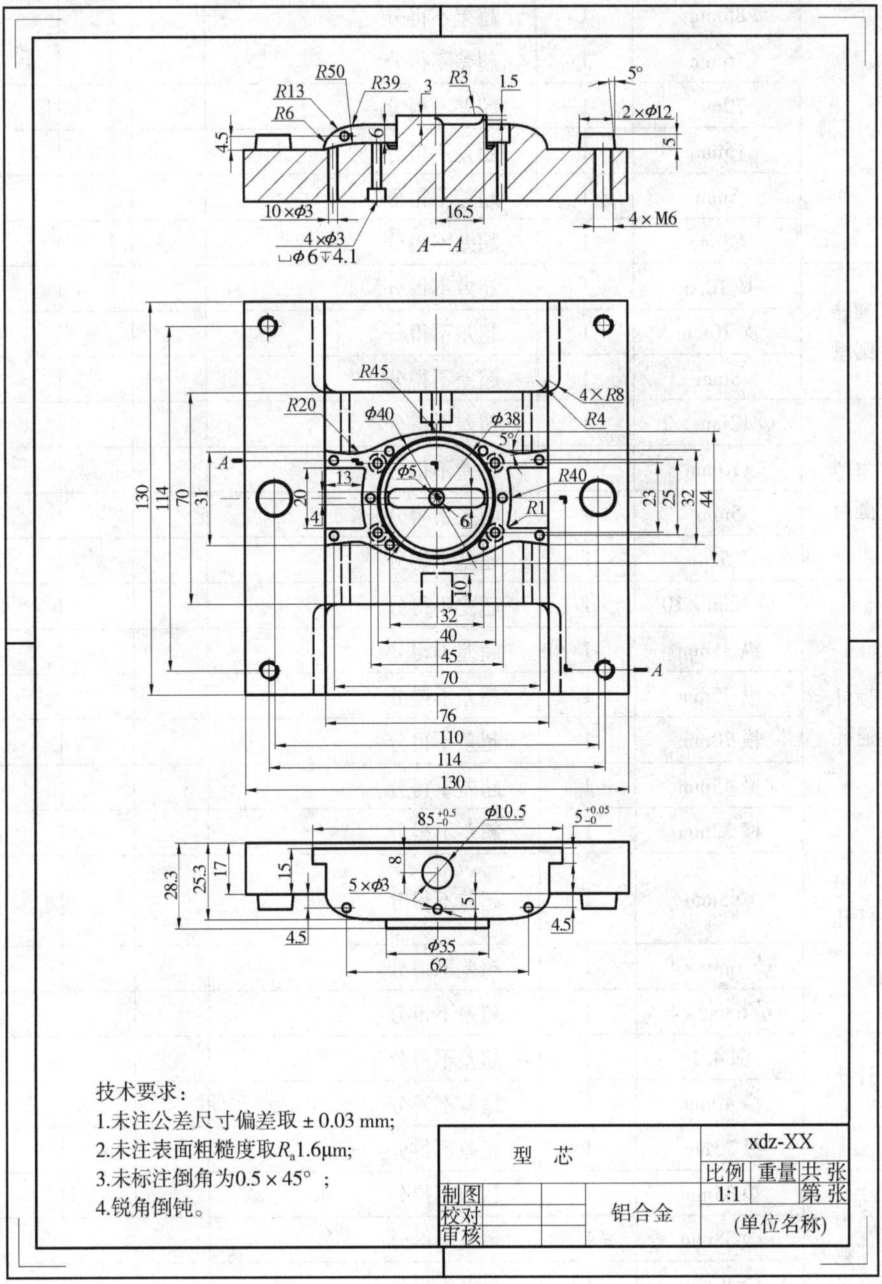

图2－6 型芯零件设计图

表2-9 型芯检测表

序号	检测项目	检测内容	配分	检测要求	学生自测		教师测评	
					自测	评分	检测	评分
1	长度	130mm	1	超差不得分				
2	宽度	130mm	1	超差不得分				
3	高度	28. 3mm	1	超差不得分				
4	导滑槽	85mm	1	超差不得分				
		76mm	1	超差不得分				
		70mm	1	超差不得分				
		15mm	1	超差不得分				
		5mm	1	超差不得分				
		*R*8mm	1	超差不得分				
5	弹簧圆槽	ϕ10. 5	1	超差不得分				
		深 10mm	1	超差不得分				
		8mm	1	超差不得分				
6	定位圆台	ϕ12mm ×2	1	超差不得分				
		110mm	1	超差不得分				
		5mm	1	超差不得分				
		5°	1	超差不得分				
7	顶针通孔	ϕ3mm ×10	1	超差不得分				
		纵 31mm	1	超差不得分				
		纵 25mm	1	超差不得分				
		横 70mm	1	超差不得分				
		横 45mm	1	超差不得分				
		横 32mm	1	超差不得分				
8	拉料杆孔	ϕ5mm	1	超差不得分				
9	模芯顶针孔	ϕ3mm ×4	1	超差不得分				
		ϕ6mm ×4	1	超差不得分				
		深 4. 1	1	超差不得分				
		横 40mm	1	超差不得分				
		纵 23mm	1	超差不得分				
10	凸模外形	ϕ35mm	1	超差不得分				
		ϕ38mm	1	超差不得分				
		ϕ40mm	1	超差不得分				

续表 2-9

序号	检测项目	检测内容	配分	检测要求	学生自测		教师测评	
					自测	评分	检测	评分
10	凸模外形	44mm	1	超差不得分				
		R45mm	1	超差不得分				
		R20mm	1	超差不得分				
		5°	1	超差不得分				
		32mm	1	超差不得分				
		R40mm	1	超差不得分				
		13mm	1	超差不得分				
		20mm	1	超差不得分				
		R6mm	1	超差不得分				
		R13mm	1	超差不得分				
		R39mm	1	超差不得分				
		高 25.3mm	1	超差不得分				
		R50mm	1	超差不得分				
		深 6mm	1	超差不得分				
		高 17mm	1	超差不得分				
11	侧抽芯孔	ϕ3mm×5	1	超差不得分				
		62mm	1	超差不得分				
		4.5mm	1	超差不得分				
		5mm	1	超差不得分				
12	分流道槽	R3mm	1	超差不得分				
		16.5mm	1	超差不得分				
		6mm	1	超差不得分				
		3mm	1	超差不得分				
		4mm	1	超差不得分				
		1.5mm	1	超差不得分				
13	螺纹通孔	M6×4	1	超差不得分				
		横 114mm	1	超差不得分				
		纵 114mm	1	超差不得分				
14	表面粗糙度	R_a1.6μm	1	一处不合格扣 1 分，扣完为止				
15	倒角	未注倒角	1	不符合无分				
16	外形	工件完整性	5	漏加工一处扣 1 分				
17	时间	工件按时完成	4	未按时完成全扣				

续表 2－9

序号	检测项目	检测内容	配分	检测要求	学生自测		教师测评	
					自测	评分	检测	评分
18	加工工艺	加工工艺单	5	加工工艺单是否正确、规范				
		刀具及切削用量选择合理	5	刀具和切削用量不合理每项扣 1 分				
19	现场操作	安全操作	10	违反安全规程全扣				
		工量具使用	5	工量具使用错误一项扣 1 分				
		设备维护保养	5	未能正确保养全扣				
20	开始时间		结束时间		加工用时			
21	合计（总分）		100 分	机床编号		总得分		

二、型腔加工

图 2－7 所示为斜导柱模具型腔零件设计图，请根据此设计图分析型腔的加工工艺，编写加工工艺单，完成型腔的加工。参照表 2－10 所列型腔零件检测表进行零件检测。

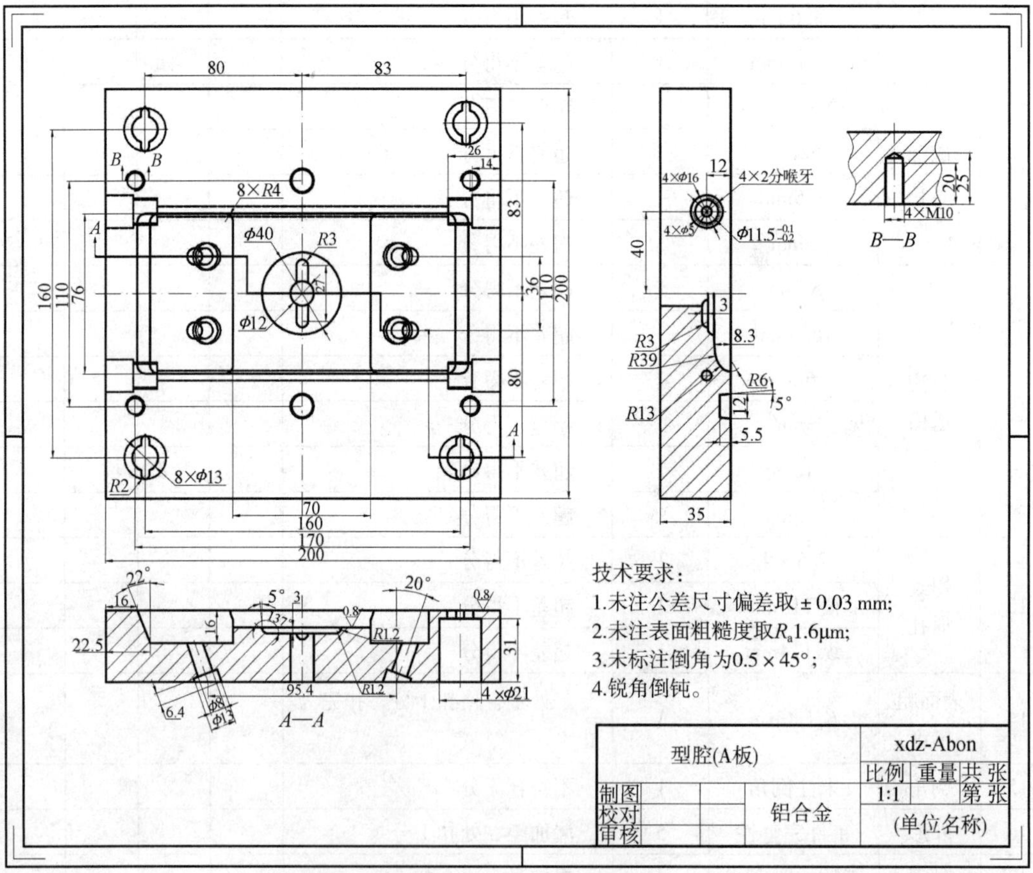

技术要求：
1.未注公差尺寸偏差取 ±0.03 mm;
2.未注表面粗糙度取 R_a1.6μm;
3.未标注倒角为0.5×45°;
4.锐角倒钝。
型腔(A板)
xdz-Abon
比例 重量 共 张
1:1 第 张
制图
校对
审核
铝合金
(单位名称)
A—A
B—B

图 2－7　型腔零件设计图

表 2-10　型腔零件检测表

序号	检测项目	检测内容	配分	检测要求	学生自测		教师测评	
					自测	评分	检测	评分
1	长度	200mm	1	超差 0.02mm 扣 1 分				
2	宽度	200mm	1	超差 0.02mm 扣 1 分				
3	高度	35mm	1	超差 0.02mm 扣 1 分				
4	导套安装孔	ϕ 21mm ×4	2	超差 0.02mm 扣 2 分				
		ϕ 13mm ×4	2	超差 0.02mm 扣 2 分				
		深 31mm	1	超差 0.02mm 扣 1 分				
		横 83mm	1	超差不得分				
		纵 83mm	1	超差不得分				
		横 80mm	1	超差不得分				
		纵 80mm	1	超差不得分				
		R2mm	1	超差不得分				
5	凹模外形	76mm	1	超差 0.02mm 扣 1 分				
		70mm	1	超差 0.02mm 扣 1 分				
		深 8.3mm	1	超差 0.02mm 扣 1 分				
		R6mm	1	超差 0.02mm 扣 1 分				
		R13mm	1	超差 0.02mm 扣 1 分				
		R39mm	1	超差 0.02mm 扣 1 分				
		3mm	1	超差不得分				
		R1.2mm	1	超差不得分				
		5°	1	超差不得分				
		137°	1	超差不得分				
6	浇注流道	ϕ 12mm	2	超差不得分				
		R3mm	1	超差不得分				
		27mm	1	超差不得分				
		3mm	1	超差不得分				
7	滑块槽	16mm	1	超差不得分				
		22.5mm	1	超差不得分				
		深 16mm	1	超差不得分				
		22°	2	超差不得分				
		R4mm	1	超差不得分				
8	斜导柱孔	ϕ 13mm	2	超差不得分				
		ϕ 8mm	2	超差不得分				

续表 2－10

序号	检测项目	检测内容	配分	检测要求	学生自测		教师测评	
					自测	评分	检测	评分
8	斜导柱孔	6.4mm	1	超差不得分				
		20°	1	超差不得分				
		95.4mm	1	超差不得分				
9	定位圆槽	ϕ12mm×2	2	超差0.02mm扣1分				
		深5.5mm	1	超差0.02mm扣1分				
		5°	1	超差不得分				
		110mm	1	超差不得分				
10	冷却管道	ϕ16mm×4	1	超差0.02mm扣1分				
		ϕ5mm×4	1	超差0.02mm扣1分				
		2分喉牙×4	1	超差不得分				
		12mm	1	超差不得分				
		35mm	1	超差不得分				
		深14mm	1	超差0.02mm扣1分				
		深26mm	1	超差0.02mm扣1分				
11	螺纹孔	M8×4	1	超差0.02mm扣1分				
		170mm	1	超差0.02mm扣1分				
		110mm	1	超差0.02mm扣1分				
		25mm	1	超差不得分				
		20mm	1	超差不得分				
12	表面粗糙度	$R_a0.8\mu m$×2	4	不符合无分				
		$R_a1.6\mu m$	1	一处不合格扣1分，扣完为止				
13	倒角	未注倒角	1	不符合无分				
14	外形	工件完整性	2	漏加工一处扣1分				
15	时间	工件按时完成	2	未按时完成全扣				
16	加工工艺	加工工艺单	5	加工工艺单是否正确、规范				
		刀具及切削用量选择合理	5	刀具和切削用量不合理每项扣1分				
17	现场操作	安全操作	10	违反安全规程全扣				
		工量具使用	5	工量具使用错误一项扣1分				
		设备维护保养	5	未能正确保养全扣				
18	开始时间		结束时间		加工用时			
19	合计（总分）		100分	机床编号		总得分		

三、滑块配件 01 加工

图 2－8 所示为斜导柱模具滑块配件 01 的零件设计图，请根据此设计图分析滑块配件 01 的加工工艺，编写加工工艺单，完成滑块配件 01 的加工。参照表 2－11 所列滑块配件 01 零件检测表进行零件检测。

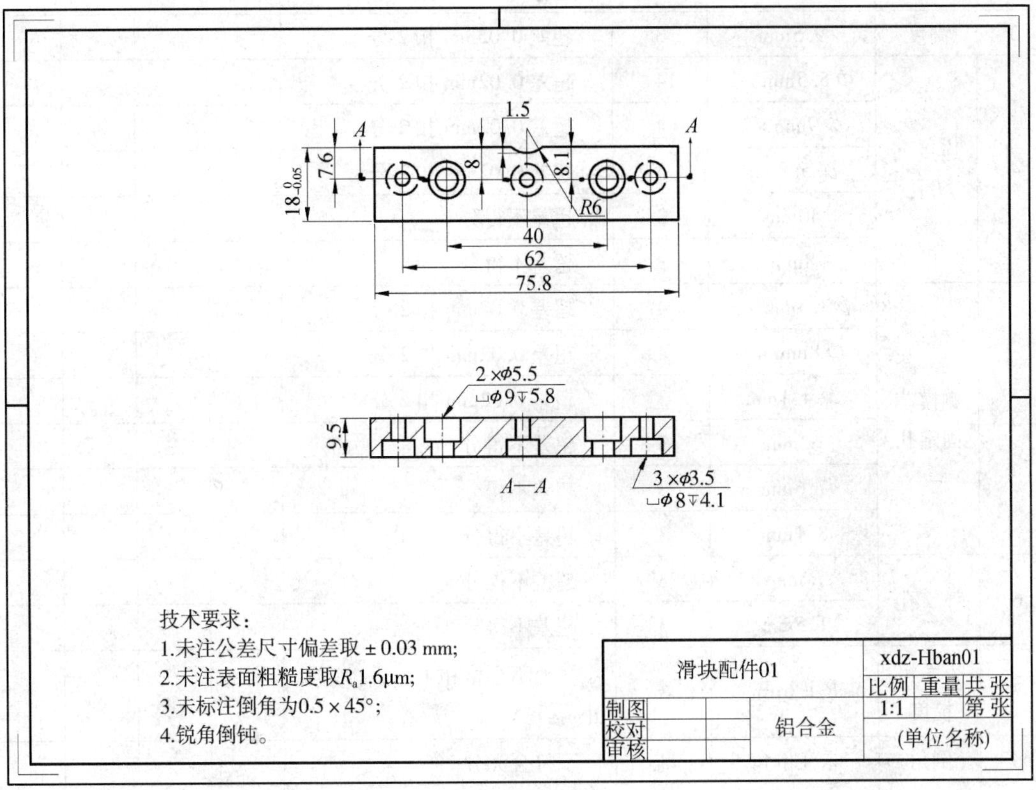

图 2－8 滑块配件 01 零件设计图

表2－11　滑块配件01零件检测表

序号	检测项目	检测内容	配分	检测要求	学生自测		教师测评	
					自测	评分	检测	评分
1	长度	75.8mm	4	超差0.02mm扣2分				
2	宽度	18mm	3	超差0.02mm扣2分				
3	高度	9.5mm	3	超差0.02mm扣2分				
4	连接沉头孔	ϕ5.5mm×2	4	超差0.02mm扣2分				
		ϕ9mm×2	4	超差0.02mm扣2分				
		深5.8mm	4	超差0.02mm扣2分				
		40mm	3	超差不得分				
		8mm	3	超差不得分				
5	侧模芯固定孔	ϕ3.5mm×3	4	超差0.02mm扣2分				
		ϕ8mm×3	4	超差0.02mm扣2分				
		深4.1mm	3	超差0.02mm扣2分				
		62mm	3	超差不得分				
		7.6mm	3	超差不得分				
		8.1mm	3	超差不得分				
6	弹簧孔	R6mm	3	超差不得分				
		1.5mm	3	超差不得分				
7	表面粗糙度	R_a1.6μm	3	一处不合格扣1分，扣完为止				
8	倒角	未注倒角	3	不符合无分				
9	外形	工件完整性	5	漏加工一处扣1分				
10	时间	工件按时完成	5	未按时完成全扣				
11	加工工艺	加工工艺单	5	加工工艺单是否正确、规范				
		刀具及切削用量选择合理	5	刀具和切削用量不合理每项扣1分				
12	现场操作	安全操作	10	违反安全规程全扣				
		工量具使用	5	工量具使用错误一项扣1分				
		设备维护保养	5	未能正确保养全扣				
13	开始时间		结束时间		加工用时			
14	合计(总分)		100分	机床编号		总得分		

四、滑块配件 02 加工

图 2－9 所示为斜导柱模具滑块配件 02 零件设计图，请根据此设计图分析滑块配件 02 的加工工艺，编写加工工艺单，完成滑块配件 02 的加工。参照表 2－12 滑块配件 02 零件检测表进行零件检测。

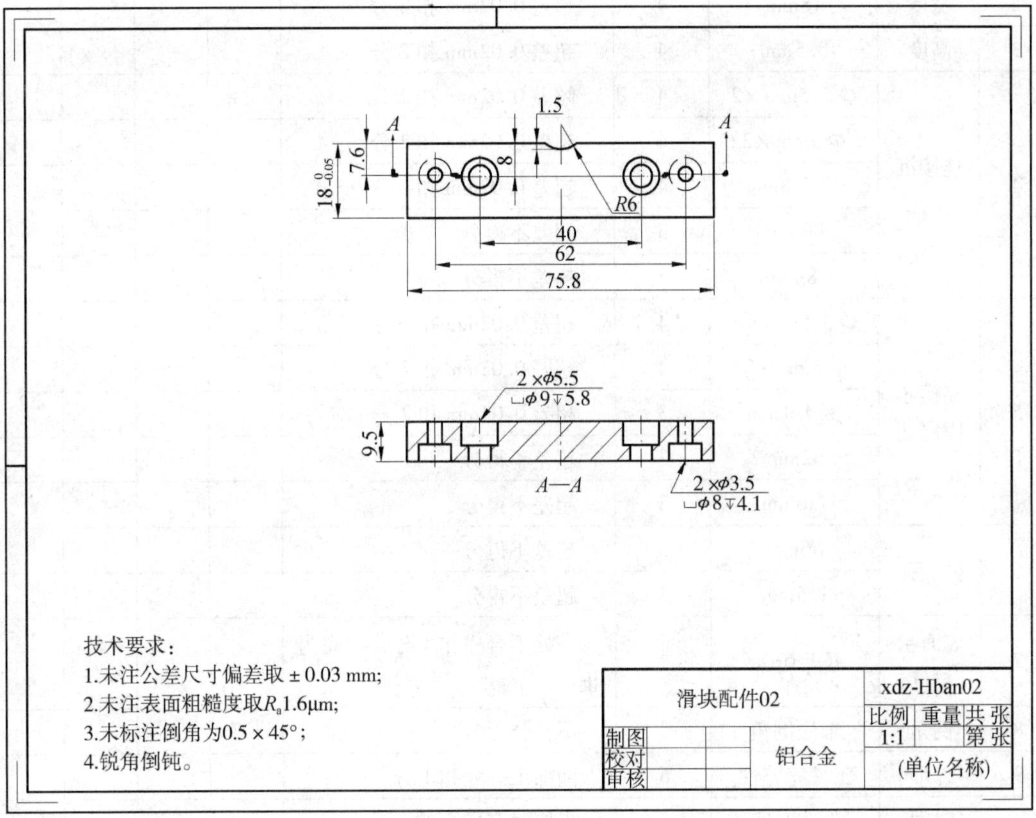

图 2－9　滑块配件 02 零件设计图

表2－12　滑块配件02零件检测表

序号	检测项目	检测内容	配分	检测要求	学生自测		教师测评	
					自测	评分	检测	评分
1	长度	75.8mm	5	超差0.02mm扣2分				
2	宽度	18mm	4	超差0.02mm扣2分				
3	高度	9.5mm	4	超差0.02mm扣2分				
4	连接沉头孔	ϕ5.5mm×2	4	超差0.02mm扣2分				
		ϕ9mm×2	4	超差0.02mm扣2分				
		深5.8mm	4	超差0.02mm扣2分				
		40mm	3	超差不得分				
		8mm	3	超差不得分				
5	侧模芯固定孔	ϕ3.5mm×3	4	超差0.02mm扣2分				
		ϕ8mm×3	4	超差0.02mm扣2分				
		深4.1mm	3	超差0.02mm扣2分				
		62mm	3	超差不得分				
		7.6mm	3	超差不得分				
6	弹簧孔	R6mm	3	超差不得分				
		1.5mm	3	超差不得分				
7	表面粗糙度	R_a1.6μm	3	一处不合格扣1分，扣完为止				
8	倒角	未注倒角	3	不符合无分				
9	外形	工件完整性	5	漏加工一处扣1分				
10	时间	工件按时完成	5	未按时完成全扣				
11	加工工艺	加工工艺单	5	加工工艺单是否正确、规范				
		刀具及切削用量选择合理	5	刀具和切削用量不合理每项扣1分				
12	现场操作	安全操作	10	违反安全规程全扣				
		工量具使用	5	工量具使用错误一项扣1分				
		设备维护保养	5	未能正确保养全扣				
13	开始时间		结束时间		加工用时			
14	合计(总分)		100分	机床编号		总得分		

任务二　动模板加工

2.2.1　任务描述

一、任务内容

企业接到加工 6 件斜导柱模具动模板的生产订单，图 2－10 所示为动模板零件设计图，要求在 1 天内按设计图完成所有动模板的加工，并保证动模板的加工质量。请根据动模板的设计图分析加工工艺，做好加工前的准备工作，编写加工工艺单，在计划时间内完成动模板的加工。

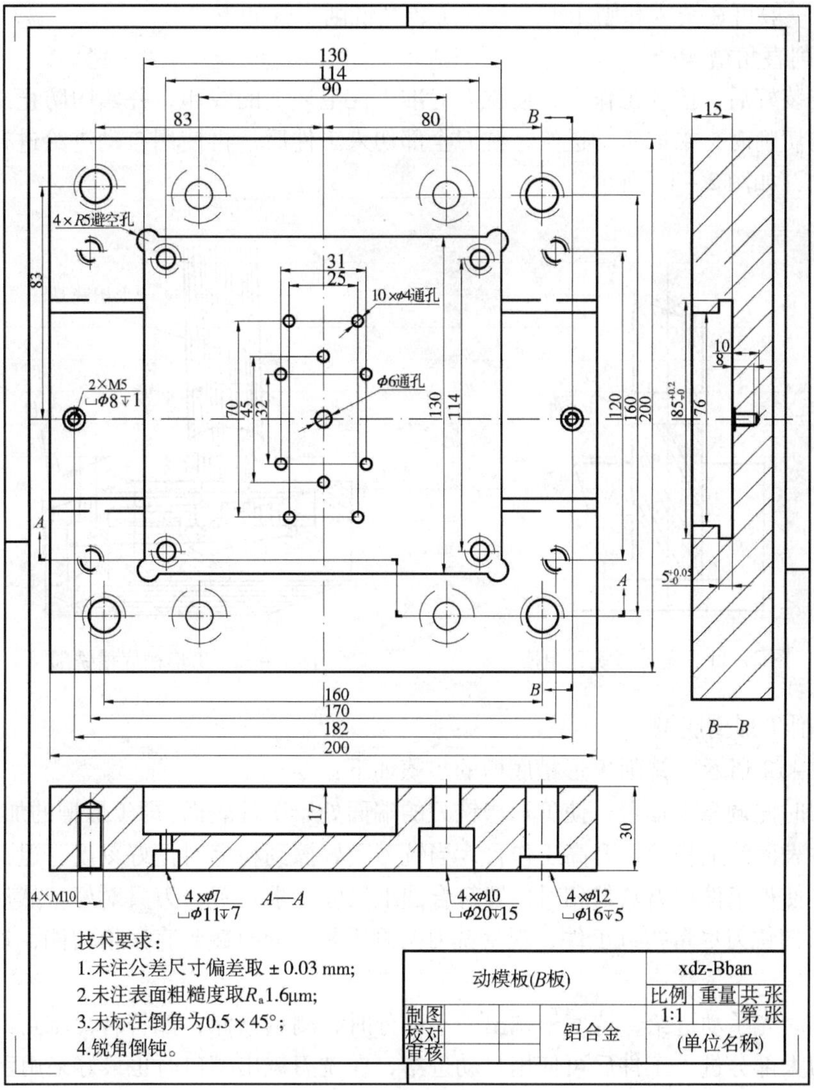

图 2－10　动模板零件设计图

二、任务目标

通过本次工作任务，学生能够熟练完成以下工作：

(1)根据动模板设计图，分析加工工艺；

(2)根据动模板的加工工艺，完成加工前准备工作；

(3)编写加工工艺单，选用合适的工量具与机床完成动模板的加工，并保证加工质量；

(4)运用相应的工量具检测动模板的尺寸精度、形状精度、位置精度、表面粗糙度等。

2.2.2 任务准备

一、技能知识

1. T 形槽铣削

T 形槽一般可在铣床和刨床上进行加工，其铣削步骤如下：

(1)铣削直角槽

铣刀安装好后，摇动工作台，使铣刀对准工件毛坯上的线印，并紧固防止工作台横向移动。开始切削时，采取手动进给，铣刀全部切入工件后，再使用自动进给进行切削，铣削出直角槽，如图 2－11 所示。

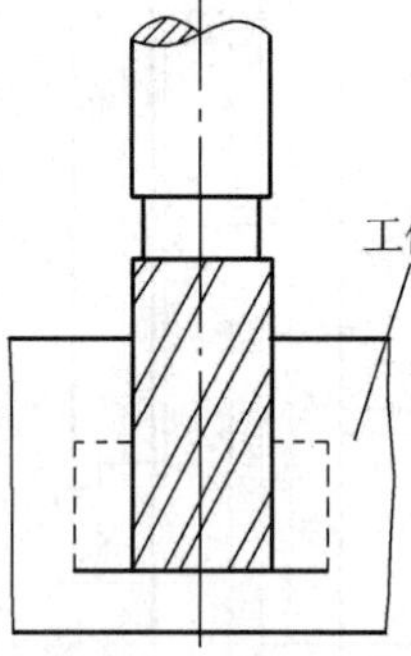

图 2－11　立铣刀铣直角槽

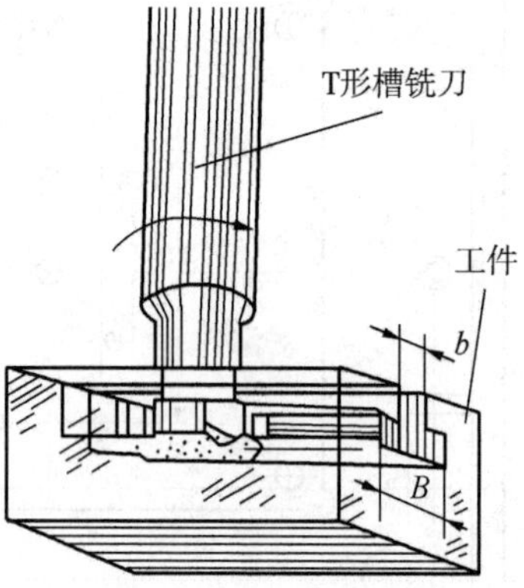

图 2－12　T 形槽底槽铣削

(2)铣削 T 形槽底槽

如图 2－12 所示，铣削 T 形槽底槽的步骤如下：

①对刀时先调整工作台，使 T 形槽铣刀的端面处于工件表面(即 T 形槽的加工面)的上方，在工件表面涂上粉笔，升高工作台，当铣刀刚好擦到粉笔时记好刻度，退刀后升高工作台台面，使得工件与刀具的相对位置符合图纸尺寸要求位置，刀具对好。然后调整工作台，使 T 形槽铣刀尽量接近工件，观察铣刀两侧刃是否同时碰到直角槽槽侧，切出相等的切痕。

②铣削时先手动进给，待底槽铣出一小部分时，测量槽深，如符合要求可继续手动进给。当铣刀大部分进入工件后可使用自动进给，在铣刀铣出槽口时也最好采用手动进给。

③若 T 形槽铣刀直径小时，可采用逆铣法铣削一侧，再铣削另一侧，达到 T 形槽槽宽的尺寸要求；若铣刀厚度不够时，可以分多层铣削，即先铣削上面，再铣削底面，逐步达

到 T 形槽槽深的尺寸要求，保证槽底面的表面粗糙度值。

二、设计图分析

动模板也叫模框板，模板上有导柱，精定位等其它零件，模板中间有个槽用来装模仁，它的主要功能是用来固定模仁。

根据图 2－10 所示的零件设计图，动模板最大外轮廓为矩形体，其最大尺寸为长______mm × 宽______mm × 高______mm。

动模板上的各类型孔共有：

φ 12mm 导柱孔______个，其中 3 个导柱孔定位尺寸为______mm 和______mm，另一个特殊定位导柱孔定位尺寸为______mm 和______mm；

φ 10mm 复位杆通孔______个，定位尺寸为______mm 和______mm；φ 10mm 复位杆沉头孔 4 个，沉头孔尺寸为直径______mm 及深______mm，定位尺寸为______mm 和______mm；

M10 螺纹孔______个，定位尺寸为______mm 和______mm；

φ 7mm 型芯连接沉头孔______个，定位尺寸为______mm 和______mm；

φ 4mm 顶针通孔______个，定位尺寸为______mm、______mm 和______mm；φ 6mm 拉料杆通孔______个。

动模板中部方形槽尺寸为长______mm × 宽______mm × 深______mm；槽四角有避空孔，尺寸为直径______mm 及深______mm。

动模板的表面粗糙度为__________________。

动模板选用____________________材料进行加工。

三、毛坯准备

本次毛坯长宽加工余量为 3mm，高度方向加工余量为 5mm，在图 2－13 中标注毛坯尺寸。

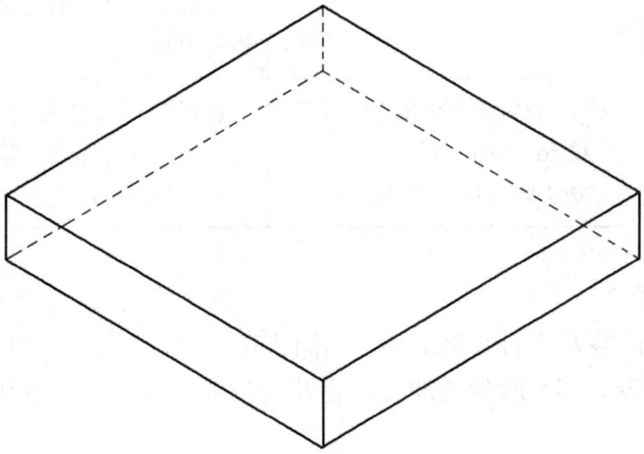

图 2－13　动模板毛坯尺寸

四、机床设备选用

请根据图 2－10 所示的零件设计图，选择合适的机床进行动模板的加工，并填写入表 2－13。

表 2－13　加工设备选用表

序号	加工内容	选用设备	原　因
1	矩形外轮廓 方形槽 导滑槽	普通铣床	矩形外轮廓形状简单，可用普通立式铣床完成 6 个平面的加工 方形槽的加工可通过电子尺控制刀具路径长度，保证加工精度
2	各类型孔	普通铣床	各类型孔的加工可通过电子尺控制加工刀具精确定位

五、加工刀具选择

针对不同的加工内容及工件形状，需采用不同的刀具完成加工，请参照动模板零件设计图（图 2－10）及技术要求，选择合适的加工刀具，并填写入表 2－14。

表 2－14　加工刀具选用表

序号	加工内容	选用刀具	备　注
1	矩形外轮廓	ϕ 60 盘铣刀 倒角刀	盘铣刀：用于铣削工件尺寸较大的平面 倒角刀：用于为工件棱边倒角的铣削加工
2	方形槽	ϕ 10 麻花钻、ϕ 16 麻花钻 ϕ 16 立铣刀、ϕ 8 立铣刀	ϕ 10 麻花钻加工避空孔 ϕ 16 麻花钻加工插入孔，方便 ϕ 16 立铣刀进刀切削 ϕ 8 立铣刀用于方形槽精加工
3	各类型孔		请根据动模板设计图，选择加工各类型孔所需的中心钻、麻花钻、铰刀、立铣刀、丝锥等刀具
4	导滑槽	ϕ 16 立铣刀、ϕ 8 立铣刀、 ϕ 16×100 T 形槽铣刀、 ϕ 4 麻花钻、M5 丝锥、	选择 T 形槽铣刀时应考虑其切削部分直径，切削部分厚度，颈部直径，刀体总长以及型芯导滑槽的内倒圆角半径

六、工量具准备

针对不同的加工内容及工件形状，需采用不同的工量具完成工件装夹、定位、校正、测量等操作，请根据表 2－15 所列的加工内容及动模板的设计图，选用合适的工量具。

表 2-15 加工工量具选用表

序号	加工内容	选用工量具	备 注
1	矩形外轮廓方形槽	机用虎钳、压板夹具、垫块、圆铜棒、百分表、百分表座、0～250mm 游标卡尺、千分尺	(1) 选用的机用虎钳最大夹紧范围为：______ (2) 百分表及表座用于工件调头装夹时的校正
2	通孔、沉头孔及螺纹孔	钢直尺、机用虎钳、铜垫片、垫块、内径千分尺、游标卡尺、螺纹塞规	螺纹塞规用于内螺纹尺寸的测量
3	导滑槽	机用虎钳、铜垫片、垫块、内径千分尺、游标卡尺、螺纹塞规	用内径千分尺精确检测导滑槽的宽度及高度

2.2.3 计划与实施

运用所学的加工知识，参照动模板零件设计图（图 2-10），分析动模板的加工工艺，并把分析结果按工序填入表 2-16 所示零件加工工艺单。

表 2－16　零件加工工艺单

序号	加工内容 （包括装夹方式）	刀具 规格	机床 设备	主轴转速 （r/min）	进给速度 （mm/min）	背吃刀量 （mm）	精加工余 量（mm）	备　注
1	机用虎钳装夹工件顶面 A 与底面 B，进行 CDEF 四个侧面的平面铣削	Φ60 盘铣刀	普通铣床	300	60	2	0.3	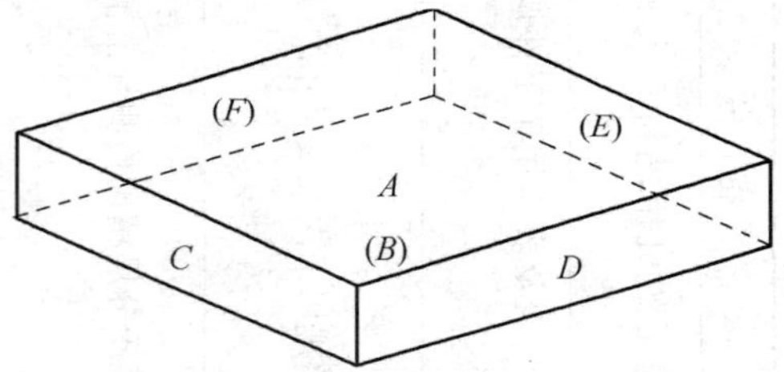 图 2－14　矩形外轮廓 注：（1）带括号的字母为工件视图背面的标注 （2）装夹工件 AB 面表示工件的 A 面与 B 面贴合夹爪面进行装夹 （3）完成 C 面铣削后，调头装夹（工件 AB 面贴合夹爪，D 面朝上）准备加工 D 面。加工前用固定在主轴上的百分表在 C 面拉垂直线和水平线，校正 C 面的垂直度以及 C 面与机床 Y 轴的平行度。校正好 C 面后再平面铣削 D 面。以此类推，加工 E、F 面时均要进行同样的工件校正
2	用压板装夹工件 B 面，A 面朝下		普通铣床					（1）工件装夹前要进行校正，保证 C、D、E、F 四个侧面的垂直度以及相应侧面与机床 X、Y 轴的平行度 （2）用压板装夹时，在 A 面与工作台之间加垫块，使 A 面与各孔对应的部位悬空，避免加工孔时与工作台干涉 （3）安放垫块的位置要与压板相对，避免装夹不稳或工件变形

续表 2－16

序号	加工内容（包括装夹方式）	刀具规格	机床设备	主轴转速（r/min）	进给速度（mm/min）	背吃刀量（mm）	精加工余量(mm)	备　注
3	平面铣削工件 B 面	Φ60 盘铣刀	普通铣床	300	60	2	0.3	(1)在平面铣削 B 面时，要注意避免干涉压板。等铣削完 B 面的大部分后，再把压板移动到已加工表面装夹，彻底完成 B 面的铣削 (2)压板的移动要逐一进行，移动一个压板并夹紧后再移动下一个压板，以保证工件位置固定不变
4	加工动模板上的各类型孔(不包括中部的顶针通孔)		普通铣床	钻孔：200 扩孔：600 铰孔：50	60			(1)请根据设计图与加工要求，选择加工各类型孔的刀具并填入刀具规格单元格中 (2)加工内容包括：①Φ 12mm 导柱孔；②Φ 10mm 复位杆通孔，Φ 10mm 复位杆沉头孔；③M10 螺纹孔；④Φ 7mm 型芯连接沉头孔 (3)加工各类型孔之前，可通过分中棒与电子尺进行工件的自动分中，并参照动模板零件设计图(图 2－10)确定各孔的 ABS(绝对)坐标，然后用中心钻在各孔中心钻定位孔 (4)如技术不熟练，可手工攻螺纹
5	调头装夹工件，压板夹紧 A 面，B 面朝下		普通铣床					(1)工件装夹前要进行校正，保证 C、D、E、F 四个侧面的垂直度以及相应侧面与机床 X、Y 轴的平行度 (2)用压板装夹时，在 B 面与工作台之间加垫块，使 B 面悬空，避免加工时与工作台干涉 (3)安放垫块的位置要与压板相对，避免装夹不稳或工件变形

续表 2-16

序号	加工内容（包括装夹方式）	刀具规格	机床设备	主轴转速（r/min）	进给速度（mm/min）	背吃刀量（mm）	精加工余量（mm）	备注
6	方形槽粗加工	ϕ10 麻花钻、ϕ16 麻花钻、ϕ16 立铣刀	普通铣床	钻削：200 铣削：800	钻削：60 铣削：200	铣削深度：4.9	0.3	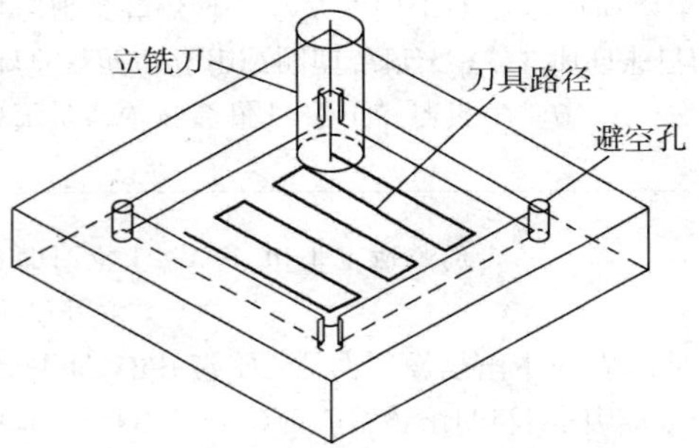 图 2-15　粗加工刀具路径 （1）通过分中棒与电子尺对工件自动分中，确定工件坐标系零点 （2）用ϕ10 麻花钻加工方形槽四个对角的避空孔，钻削深度为 15mm（不包括钻尖） （3）用ϕ16 麻花钻在方形槽左上角钻插入孔，钻孔深度为 15mm（包括钻尖），坐标为（$x-56.7$，$y-56.7$），注意内壁留精加工余量 （4）ϕ16 立铣刀对正插入孔中心进刀，分层铣削，铣削刀具路径如图 2-15 所示。每层切削深度 4.9mm，最后一层铣削深度为 0.3mm，保证方形槽底面深度。方形槽四侧内壁留精加工余量 0.3mm

续表 2-16

序号	加工内容（包括装夹方式）	刀具规格	机床设备	主轴转速（r/min）	进给速度（mm/min）	背吃刀量（mm）	精加工余量(mm)	备　注
7	方形槽精加工	Φ8 立铣刀	普通铣床	1000	200	铣削深度：7.5	0	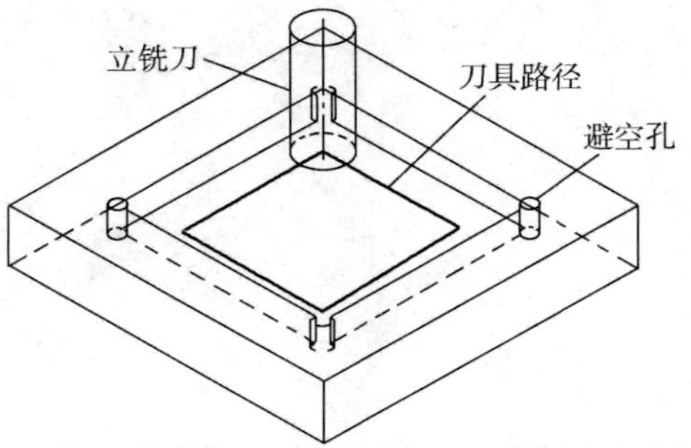 图 2-16　精加工刀具路径 （1）精加工工件坐标系零点与粗加工保持一致 （2）Φ8 立铣刀在方形槽左上角（避空孔处）进刀，分层铣削，每层铣削深度 7.5mm，铣削刀具路径如图 2-16所示，保证方形槽内侧壁的尺寸精度
8	中部顶针通孔组合加工		普通铣床					（1）为保证顶出系统配合精度，动模板、顶针固定板、二次顶出顶针固定板需组合装夹，统一钻削加工顶针通孔（注意：顶针固定板的部分顶针孔与二次顶出顶针固定板的不相同） （2）请根据设计图及加工要求，选择顶针通孔加工刀具，设定加工要素
9	导滑槽粗加工	Φ16 立铣刀	普通铣床	800	200	5	0.2	（1）为保证侧滑块能沿导滑槽流畅运动，斜导柱模具的动模板导滑槽与型芯导滑槽需组合加工 （2）导滑槽粗加工即加工直角槽

续表 2－16

序号	加工内容（包括装夹方式）	刀具规格	机床设备	主轴转速（r/min）	进给速度（mm/min）	背吃刀量（mm）	精加工余量(mm)	备注
10	导滑槽精加工	ϕ16 立铣刀、ϕ16×100 T 形槽铣刀	普通铣床	800	200	5	0	(1)用 T 形槽铣刀铣削时，切削部分埋在工件内，切屑不易排出。应经常退出铣刀，清除切屑 (2)T 形槽铣刀铣削时切削条件差，所以要采用较小的进给量和较低的切削速度 (3)用 T 形槽铣刀组合加工动模板与型芯的导滑槽时，应考虑型芯导滑槽的内倒圆角
11	导滑槽中限位螺纹孔加工	ϕ4 麻花钻、M5 丝锥、ϕ8 立铣刀	普通铣床	钻削：200 铣削：800	钻削：60 铣削：200	铣削深度：1		建议在工件装夹在铣床工作台上的时候就手动攻螺纹

2.2.4 评价反馈

一、零件检测

参照表 2－17 所示的零件检测表，运用合适的工量具对完成加工的动模板进行精度检测，确定加工出来的动模板是否为合格零件。

表 2－17 动模板零件检测表

序号	检测项目	检测内容	配分	检测要求	学生自测		教师测评	
					自测	评分	检测	评分
1	长度	200mm	2	超差 0.02mm 扣 1 分				
2	宽度	200mm	2	超差 0.02mm 扣 1 分				
3	高度	35mm	2	超差 0.02mm 扣 1 分				
4	方形槽轮廓	长 130mm	2	超差 0.02mm 扣 1 分				
		宽 130mm	2	超差 0.02mm 扣 1 分				
		深 15mm	2	超差 0.02mm 扣 1 分				
		$R5$mm ×4	1	超差 0.02mm 扣 1 分				
5	方形槽顶针通孔	ϕ4mm ×10	2	超差 0.02mm 扣 1 分				
		ϕ6mm	2	超差 0.02mm 扣 1 分				
		横 31mm	1	超差不得分				
		横 25mm	1	超差不得分				
		纵 70mm	1	超差不得分				
		纵 45mm	1	超差不得分				
		纵 32mm	1	超差不得分				
6	方形槽沉头孔	ϕ11mm ×4	2	超差 0.02mm 扣 2 分				
		ϕ7mm ×4	2	超差 0.02mm 扣 2 分				
		横 114mm	1	超差不得分				
		纵 114mm	1	超差不得分				
		7mm	1	超差 0.02mm 扣 2 分				
7	复位杆孔	ϕ10mm ×4	2	超差 0.02mm 扣 1 分				
		ϕ20mm ×4	2	超差 0.02mm 扣 1 分				
		深 15mm	2	超差 0.02mm 扣 1 分				
		横 90mm	1	超差不得分				
		纵 160mm	1	超差不得分				

续表 2-17

序号	检测项目	检测内容	配分	检测要求	学生自测		教师测评	
					自测	评分	检测	评分
8	导柱孔	ϕ12mm×4	2	超差 0.02mm 扣 1 分				
		ϕ16mm×4	2	超差 0.02mm 扣 1 分				
		深 5mm	2	超差 0.02mm 扣 1 分				
		横 160mm	1	超差不得分				
		纵 160mm	1	超差不得分				
		横 83mm	1	超差不得分				
		纵 83mm	1	超差不得分				
9	导滑槽	85mm	2	超差 0.02mm 扣 1 分				
		76mm	2	超差 0.02mm 扣 1 分				
		15mm	2	超差 0.02mm 扣 1 分				
		5mm	1	超差不得分				
10	限位螺丝孔	ϕ8mm×2	1	超差 0.02mm 扣 1 分				
		M5×2	1	超差不得分				
		深 1mm	1	超差 0.02mm 扣 1 分				
		深 8mm	1	超差不得分				
		深 10mm	1	超差不得分				
11	螺纹孔	M10	1	超差 0.02mm 扣 2 分				
		25mm	1	超差不得分				
		18mm	1	超差不得分				
		170mm	1	超差不得分				
		120mm	1	超差不得分				
12	表面粗糙度	R_a1.6μm	1	一处不合格扣 1 分，扣完为止				
13	倒角	未注倒角	1	不符合无分				
14	外形	工件完整性	2	漏加工一处扣 1 分				
15	时间	工件按时完成	2	未按时完成全扣				
16	加工工艺	加工工艺单	5	加工工艺单是否正确、规范				
		刀具及切削用量选择合理	5	刀具和切削用量不合理每项扣 1 分				

续表 2-17

序号	检测项目	检测内容	配分	检测要求	学生自测		教师测评	
					自测	评分	检测	评分
17	现场操作	安全操作	10	违反安全规程全扣				
		工量具使用	5	工量具使用错误一项扣 1 分				
		设备维护保养	5	未能正确保养全扣				
18	开始时间		结束时间		加工用时			
19	合计(总分)		100 分	机床编号		总得分		

二、学生自评

学生自评表中列出本次工作任务所涉及的主要知识点与技能，请参照表 2-18 进行评价与自我反思。

表 2-18　学生自评表

序号	知识点与技能	是否掌握	优缺点反思
1	工件的组合加工		
2	T 形槽铣削		

三、教师评价

2.2.5 任务拓展

一、定模面板加工

图 2－17 所示为模具定模面板零件设计图，请根据此设计图分析定模面板的加工工艺，编写加工工艺单，完成定模面板的加工。参照表 2－19 定模面板零件检测表进行零件检测。

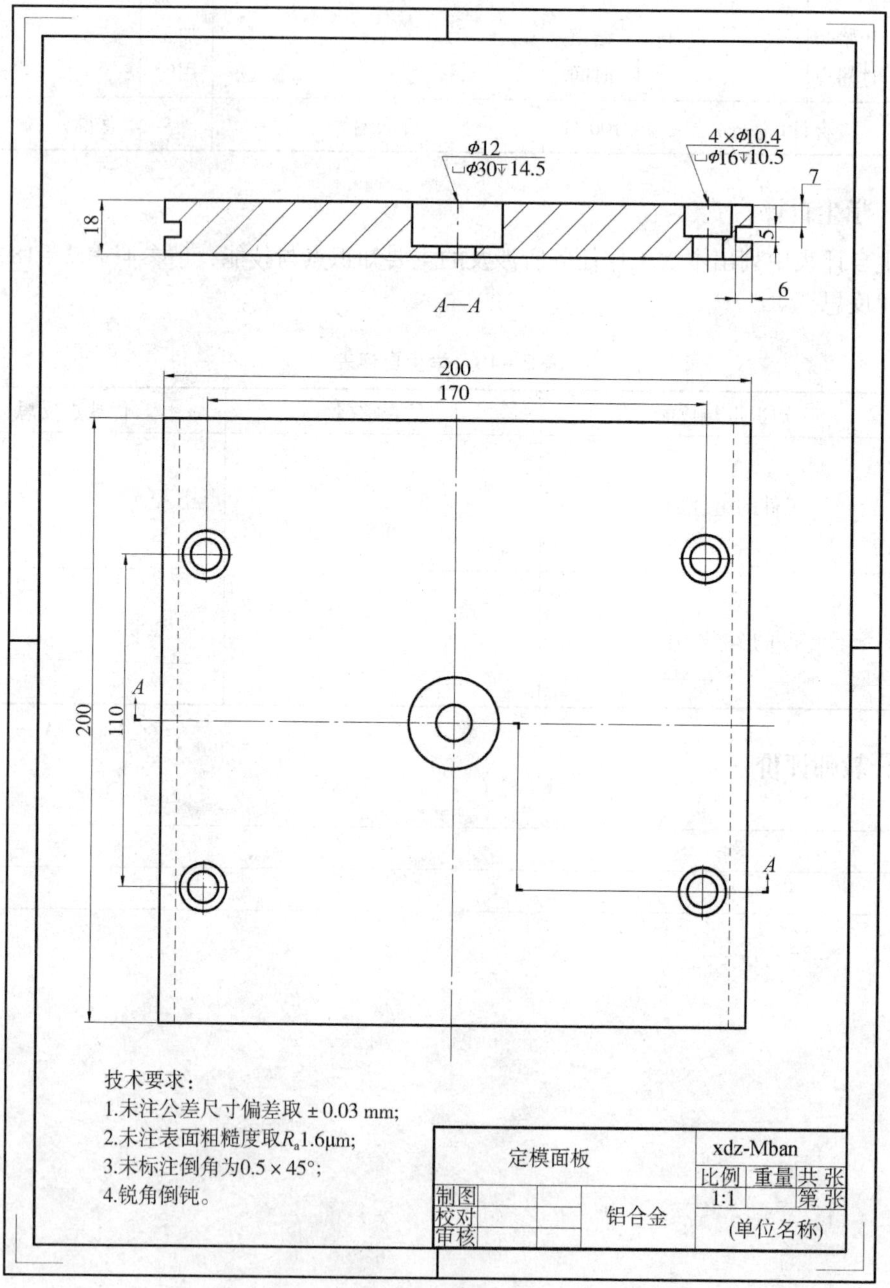

图 2－17 定模面板零件设计图

表 2-19 定模面板零件检测表

序号	检测项目	检测内容	配分	检测要求	学生自测		教师测评	
					自测	评分	检测	评分
1	长度	200mm	4	超差 0.02mm 扣 2 分				
2	宽度	200mm	4	超差 0.02mm 扣 2 分				
3	高度	18mm	4	超差 0.02mm 扣 2 分				
4	侧边沉头孔	ϕ16mm×4	6	超差 0.02mm 扣 2 分				
		ϕ10.4mm×4	6	超差 0.02mm 扣 2 分				
		170mm	4	超差 0.02mm 扣 2 分				
		110mm	4	超差 0.02mm 扣 2 分				
		深 10.5mm	3	超差 0.02mm 扣 2 分				
5	中心沉头孔	ϕ30.5mm	6	超差 0.02mm 扣 2 分				
		ϕ12mm	6	超差 0.02mm 扣 2 分				
		14.5mm	4	超差 0.02mm 扣 2 分				
6	侧边通槽	5mm	3	超差 0.02mm 扣 2 分				
		5.5mm	2	超差 0.02mm 扣 2 分				
		7.2mm	2	超差 0.02mm 扣 2 分				
7	表面粗糙度	R_a1.6μm	1	一处不合格扣 1 分，扣完为止				
8	倒角	未注倒角	1	不符合无分				
9	外形	工件完整性	5	漏加工一处扣 1 分				
10	时间	工件按时完成	5	未按时完成全扣				
11	加工工艺	加工工艺单	5	加工工艺单是否正确、规范				
		刀具及切削用量选择合理	5	刀具和切削用量不合理每项扣 1 分				
12	现场操作	安全操作	10	违反安全规程全扣				
		工量具使用	5	工量具使用错误一项扣 1 分				
		设备维护保养	5	未能正确保养全扣				
13	开始时间		结束时间		加工用时			
14	合计(总分)		100 分	机床编号		总得分		

二、动模底板加工

图 2－18 所示为模具动模底板零件设计图，请根据此设计图分析动模底板的加工工艺，编写加工工艺单，完成动模底板的加工。参照表 2－20 动模底板检测表进行零件检测。

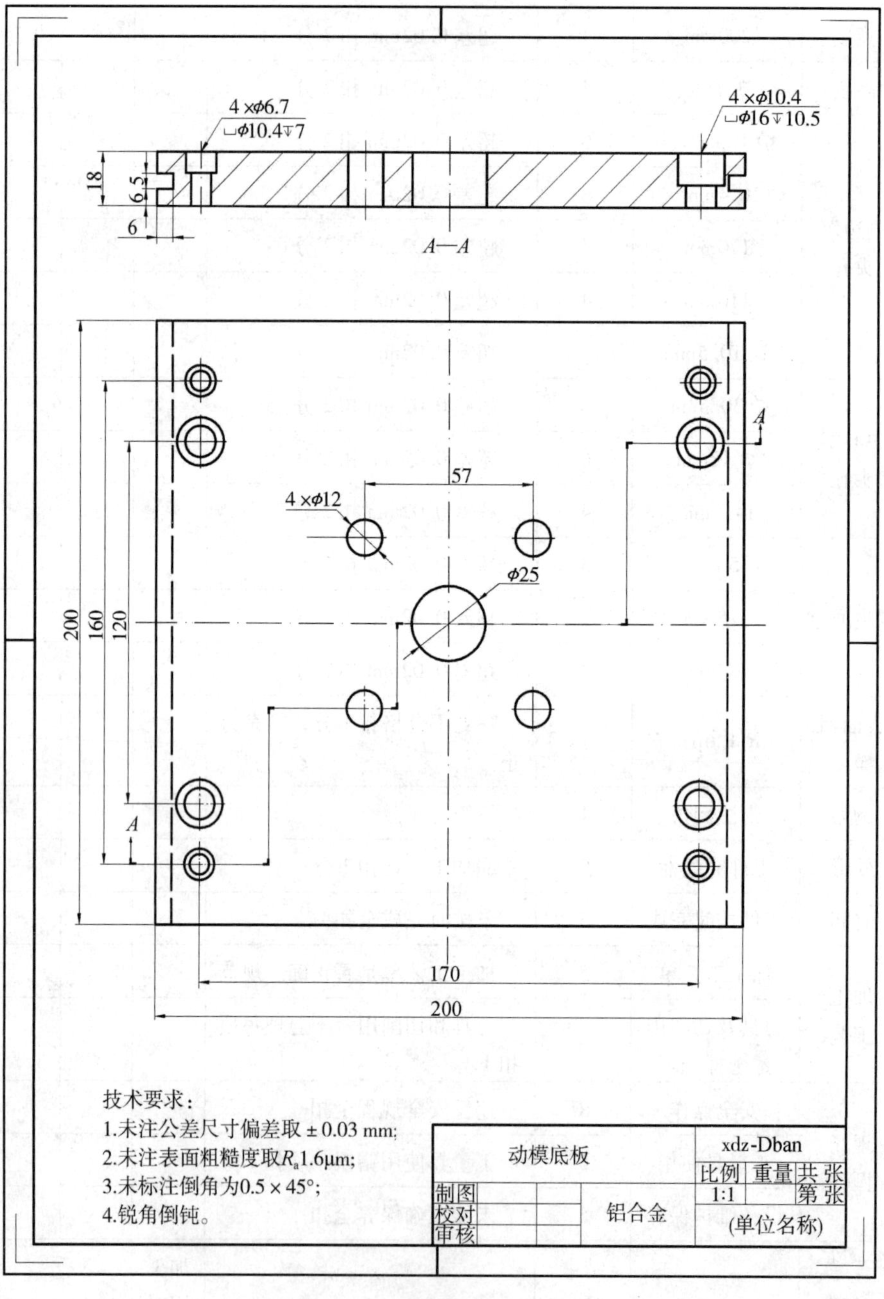

图 2－18　动模底板零件设计图

表 2－20　动模底板检测表

序号	检测项目	检测内容	配分	检测要求	学生自测		教师测评	
					自测	评分	检测	评分
1	长度	200mm	4	超差 0.02mm 扣 2 分				
2	宽度	200mm	4	超差 0.02mm 扣 2 分				
3	高度	18mm	4	超差 0.02mm 扣 2 分				
4	侧边沉头孔	ϕ10.4mm×4	4	超差 0.02mm 扣 2 分				
		ϕ6.7mm×4	4	超差 0.02mm 扣 2 分				
		ϕ16mm×4	4	超差 0.02mm 扣 2 分				
		ϕ10.4mm×4	4	超差 0.02mm 扣 2 分				
		170mm	2	超差不得分				
		160mm	2	超差不得分				
		170mm	2	超差不得分				
		120mm	2	超差不得分				
		深 7mm	3	超差 0.02mm 扣 2 分				
		深 10.5mm	3	超差 0.02mm 扣 2 分				
5	中心通孔	ϕ25mm	2	超差 0.02mm 扣 2 分				
		ϕ12mm×4	2	超差 0.02mm 扣 2 分				
		横 56.6mm	2	超差不得分				
		纵 56.6mm	2	超差不得分				
6	侧边通槽	5mm	2	超差 0.02mm 扣 2 分				
		5.5mm	2	超差 0.02mm 扣 2 分				
		7.2mm	2	超差 0.02mm 扣 2 分				
7	表面粗糙度	$R_a1.6\mu m$	2	一处不合格扣 1 分，扣完为止				
8	倒角	未注倒角	2	不符合无分				
9	外形	工件完整性	5	漏加工一处扣 1 分				
10	时间	工件按时完成	5	未按时完成全扣				
11	加工工艺	加工工艺单	5	加工工艺单是否正确、规范				
		刀具及切削用量选择合理	5	刀具和切削用量不合理每项扣 1 分				
12	现场操作	安全操作	10	违反安全规程全扣				
		工量具使用	5	工量具使用错误一项扣 1 分				
		设备维护保养	5	未能正确保养全扣				
13	开始时间		结束时间		加工用时			
14	合计(总分)		100 分	机床编号		总得分		

三、顶针板加工

图 2－19 所示为模具顶针板零件设计图，请根据此设计图分析顶针板的加工工艺，编写加工工艺单，完成顶针板的加工。参照表 2－21 顶针检测表进行零件检测。

（注：顶针板中部顶针孔需与动模板组合加工。）

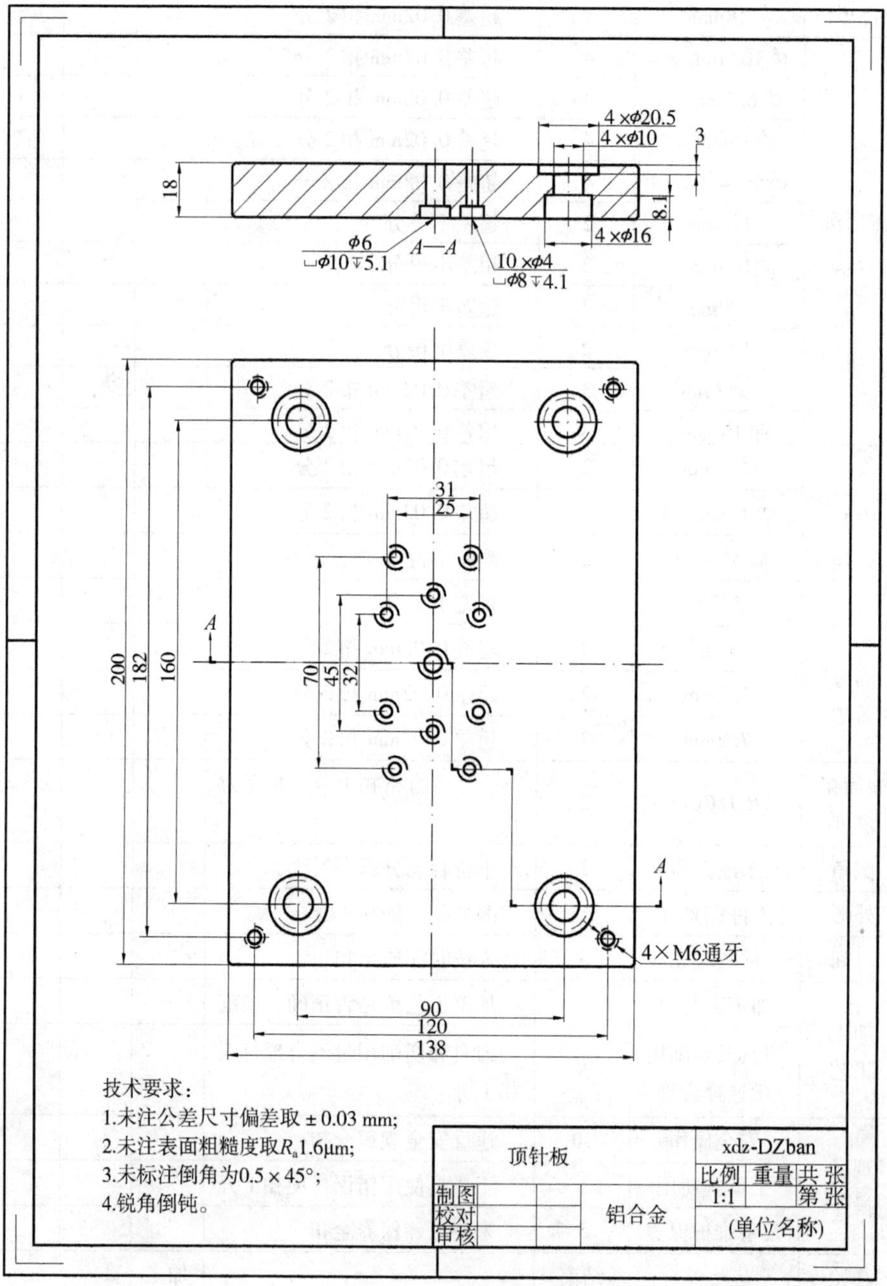

图 2－19　顶针板零件设计图

表2-21 顶针板检测表

序号	检测项目	检测内容	配分	检测要求	学生自测		教师测评	
					自测	评分	检测	评分
1	长度	200mm	2	超差0.02mm扣2分				
2	宽度	138mm	2	超差0.02mm扣2分				
3	高度	18mm	2	超差0.02mm扣2分				
4	侧边沉头孔	ϕ16mm×4	3	超差0.02mm扣2分				
		ϕ10mm×4	3	超差0.02mm扣2分				
		ϕ20.5mm×4	3	超差0.02mm扣2分				
		90mm	2	超差0.02mm扣2分				
		160mm	2	超差0.02mm扣2分				
		深8.1mm	3	超差0.02mm扣2分				
		深3mm	3	超差0.02mm扣2分				
5	螺纹孔	M6×4	2	超差0.02mm扣2分				
		120mm	2	超差0.02mm扣2分				
		182mm	2	超差0.02mm扣2分				
6	中部沉头孔	ϕ4mm×10	3	超差0.02mm扣2分				
		ϕ10mm×10	3	超差0.02mm扣2分				
		纵70mm	2	超差不得分				
		纵45mm	2	超差不得分				
		纵32mm	2	超差不得分				
		深4.1mm	2	超差0.02mm扣2分				
		横31mm	2	超差不得分				
		横25mm	2	超差不得分				
7	中部拉料杆孔	ϕ10mm	2	超差0.02mm扣2分				
		ϕ6mm	2	超差0.02mm扣2分				
		深5.1mm	2	超差0.02mm扣2分				
8	表面粗糙度	R_a1.6μm	1	一处不合格扣1分，扣完为止				
9	倒角	未注倒角	1	不符合无分				
10	外形	工件完整性	5	漏加工一处扣1分				
11	时间	工件按时完成	5	未按时完成全扣				
12	加工工艺	加工工艺单	5	加工工艺单是否正确、规范				
		刀具及切削用量选择合理	5	刀具和切削用量不合理每项扣1分				
13	现场操作	安全操作	10	违反安全规程全扣				
		工量具使用	5	工量具使用错误一项扣1分				
		设备维护保养	5	未能正确保养全扣				
14	开始时间		结束时间		加工用时			
15	合计(总分)		100分	机床编号		总得分		

四、顶针底板加工

图 2－20 所示为模具顶针底板零件设计图，请根据此设计图分析顶针底板的加工工艺，编写加工工艺单，完成顶针底板的加工。参照表 2－22 顶针底板检测表进行零件检测。

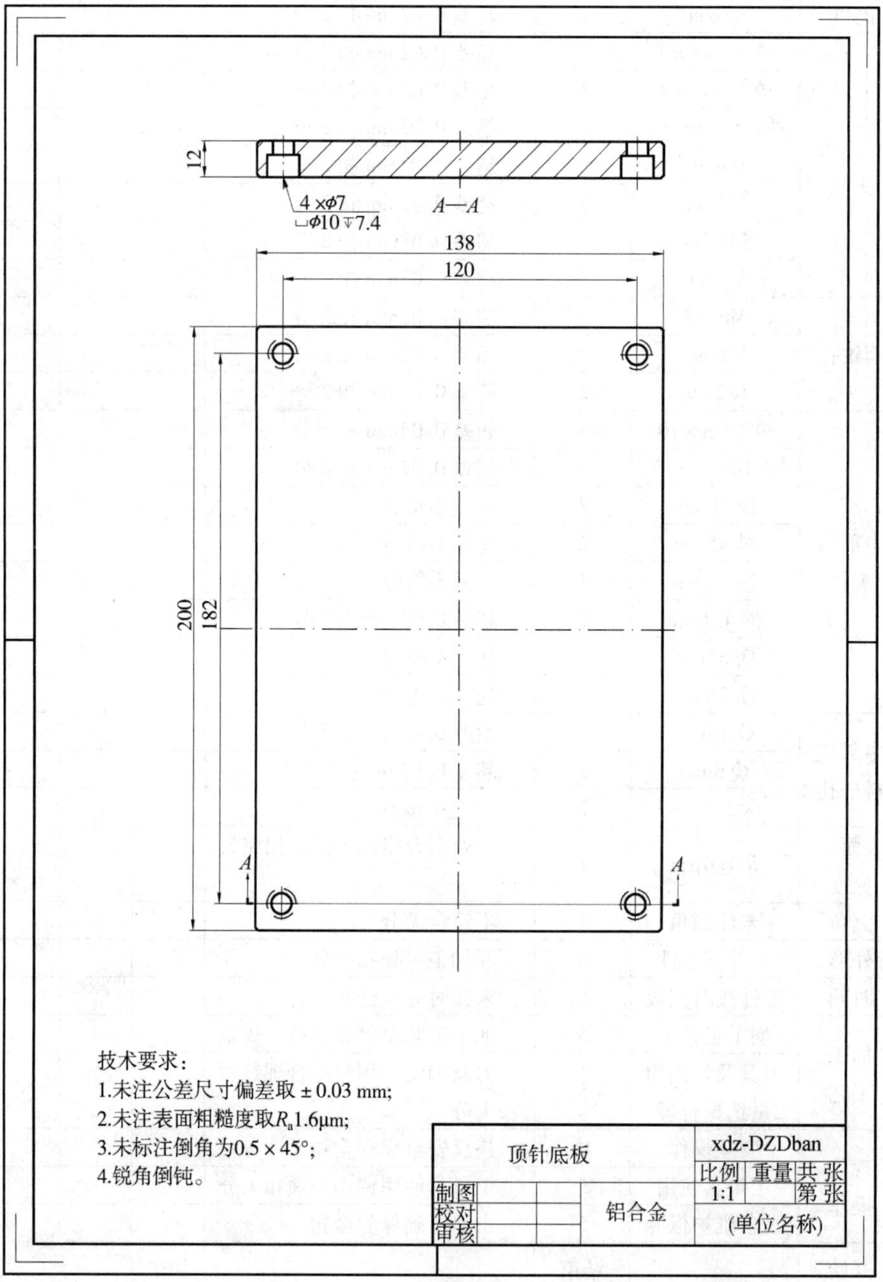

图 2－20　顶针底板零件设计图

表 2-22　顶针底板检测表

序号	检测项目	检测内容	配分	检测要求	学生自测		教师测评	
					自测	评分	检测	评分
1	长度	200mm	8	超差 0.02mm 扣 2 分				
2	宽度	138mm	8	超差 0.02mm 扣 2 分				
3	高度	12mm	8	超差 0.02mm 扣 2 分				
4	侧边沉头孔	ϕ 10mm ×4	8	超差 0.02mm 扣 2 分				
		ϕ 7mm ×4	8	超差 0.02mm 扣 2 分				
		182mm	4	超差 0.02mm 扣 2 分				
		120mm	4	超差 0.02mm 扣 2 分				
		深 7.4mm	4	超差 0.02mm 扣 2 分				
		50mm	4	超差 0.02mm 扣 2 分				
5	表面粗糙度	$R_a1.6\mu m$	4	一处不合格扣 1 分，扣完为止				
6	倒角	未注倒角	4	不符合无分				
7	外形	工件完整性	5	漏加工一处扣 1 分				
8	时间	工件按时完成	5	未按时完成全扣				
9	加工工艺	加工工艺单	5	加工工艺单是否正确、规范				
		刀具及切削用量选择合理	5	刀具和切削用量不合理每项扣 1 分				
10	现场操作	安全操作	10	违反安全规程全扣				
		工量具使用	5	工量具使用错误一项扣 1 分				
		设备维护保养	5	未能正确保养全扣				
11	开始时间		结束时间		加工用时			
12	合计(总分)		100 分	机床编号		总得分		

五、模脚加工

图 2－21 所示为模具模脚零件设计图，请根据此设计图分析模脚的加工工艺，编写加工工艺单，完成模脚的加工。参照表 2－23 模脚检测表进行零件检测。

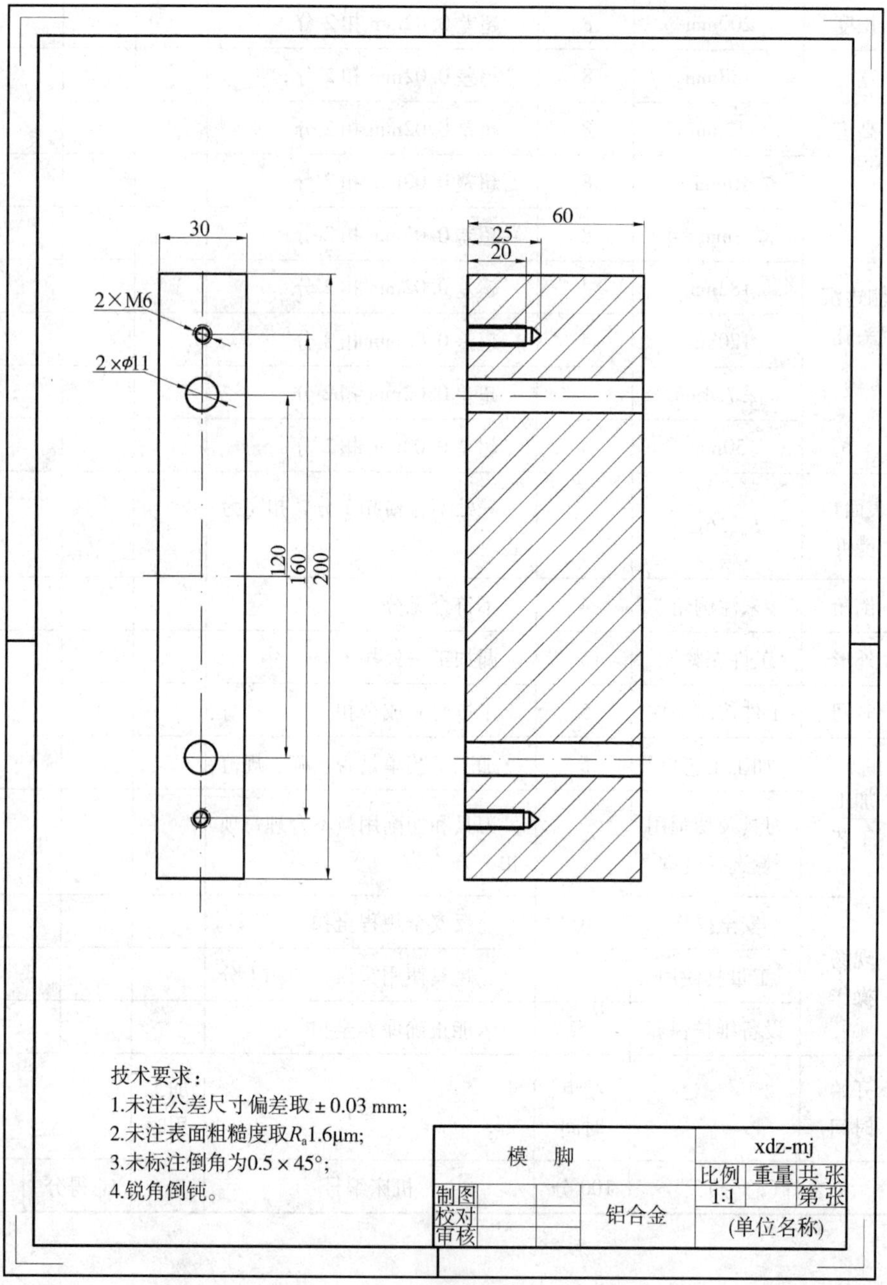

图 2－21　模脚零件设计图

表 2-23　模脚检测表

序号	检测项目	检测内容	配分	检测要求	学生自测		教师测评	
					自测	评分	检测	评分
1	长度	200mm	10	超差 0.02mm 扣 2 分				
2	宽度	30mm	10	超差 0.02mm 扣 2 分				
3	高度	100mm	10	超差 0.02mm 扣 2 分				
4	通孔	ϕ 11mm ×2	10	超差 0.02mm 扣 2 分				
		120mm	2	超差不得分				
5	底面螺纹孔	M6 ×2	5	超差 0.02mm 扣 2 分				
		160mm	5	超差不得分				
		深 25mm	2	超差不得分				
		深 20mm	2	超差不得分				
6	表面粗糙度	R_a1.6μm	2	一处不合格扣 1 分，扣完为止				
7	倒角	未注倒角	2	不符合无分				
8	外形	工件完整性	5	漏加工一处扣 1 分				
9	时间	工件按时完成	5	未按时完成全扣				
10	加工工艺	加工工艺单	5	加工工艺单是否正确、规范				
		刀具及切削用量选择合理	5	刀具和切削用量不合理每项扣 1 分				
11	现场操作	安全操作	10	违反安全规程全扣				
		工量具使用	5	工量具使用错误一项扣 1 分				
		设备维护保养	5	未能正确保养全扣				
12	开始时间		结束时间		加工用时			
13	合计(总分)		100 分	机床编号		总得分		

任务三　斜导柱加工

2.3.1　任务描述

一、任务内容

企业接到加工 24 个斜导柱模具斜导柱的生产订单，图 2－22 所示为斜导柱零件设计图，要求在 1 天内按设计图完成所有斜导柱的加工，并保证斜导柱的加工质量。请根据斜导柱的设计图分析加工工艺，做好加工前的准备工作，编写加工工艺单，在计划时间内完成斜导柱的加工。

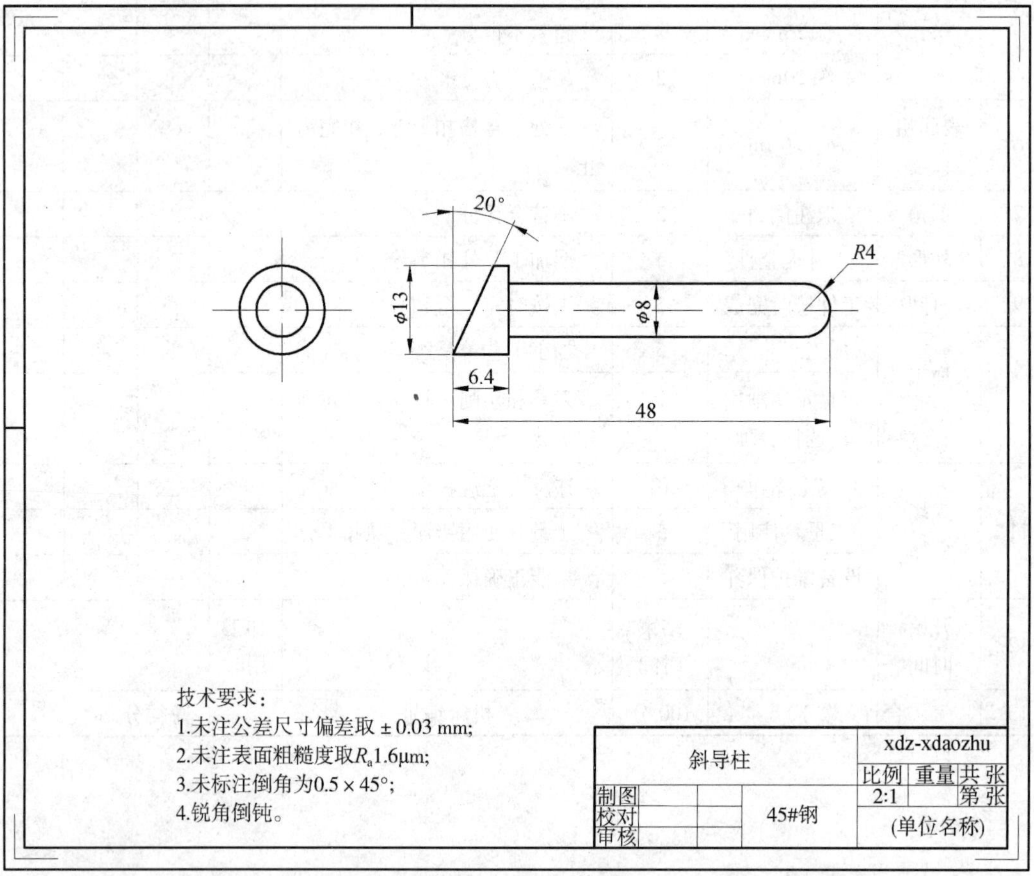

图 2－22　斜导柱零件设计图

二、任务目标

通过本次工作任务，学生能够熟练完成以下工作：

(1)根据斜导柱设计图，分析加工工艺；

(2)根据斜导柱的加工工艺，完成加工前准备工作；

(3)编写加工工艺单，选用合适的工量具与机床完成斜导柱的加工，并保证加工质量；

(4)运用相应的工量具检测斜导柱的尺寸精度、形状精度、位置精度、表面粗糙度等。

2.3.2 任务准备

一、技能知识

1. 普通车床车削圆弧

在普通车床上车削圆弧的方法有：

(1)手动车削法：用手摇大拖板和中拖板的进给手柄，两手配合车削出圆弧的大致形状。然后用样板检验，修整不符合尺寸要求的地方，直至达到要求。此法加工精度低，效率低，适合单件加工。

(2)靠模车削法：即中拖板的进给由靠模实现。优点是加工精度较高，效率高。缺点是半径较小的圆弧不易加工，不能加工半球面以上的球面。

(3)圆弧刀架车削法：把小拖板和刀架换成圆弧刀架，直接车削即可，加工精度高，效率高，但加工内孔较难。

二、设计图分析

斜导柱作用是引导斜导柱模具的侧抽芯滑块在导滑槽中对合运动。

根据图2－22所示的斜导柱零件设计图，斜导柱最大外轮廓为回转体，其最大尺寸为直径______mm×长______mm。

斜导柱有两级外圆，其中直径为ϕ13mm的外圆长度为______mm，直径为ϕ8mm的外圆长度为______mm。

斜导柱有圆弧面，圆弧半径为______mm。

斜导柱帽的斜面角度为________。

斜导柱的表面粗糙度为________________。

斜导柱选用__________________材料进行加工。

三、毛坯准备

本次毛坯为圆柱体，直径加工余量为3mm，长度方向加工余量考虑到装夹、切断及加工精度，取15mm，在图2－23中标注毛坯尺寸。

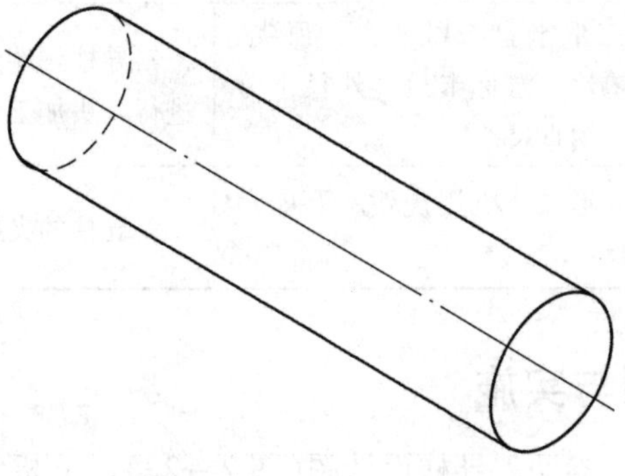

图2－23　斜导柱毛坯尺寸

项目二　斜导柱模具加工

四、机床设备选用

请根据图 2－22 所示的斜导柱零件设计图，选择合适的机床进行斜导柱的加工，并填写入加工设备选用表(表 2－24)。

表 2－24　加工设备选用表

序号	加工内容	选用设备	原　因
1	回转体外形	普通车床	斜导柱外形为简单的回转体，可用普通车床进行加工
2	斜导柱帽的斜面	普通磨床	如用普通铣床加工，因工件刚度不足及加工余量不均匀致使切削力变化较大，铣刀与工件跳动较大，影响工件加工精度

五、加工刀具选择

针对不同的加工内容及工件形状，需采用不同的刀具完成加工，请参照斜导柱零件设计图(图 2－22)及技术要求，选择合适的加工刀具，并填写入加工刀具选用表(表 2－25)。

表 2－25　加工刀具选用表

序号	加工内容	选用刀具	备　注
1	斜导柱外圆面	90°直角刀、切断刀	(1)90°直角刀用于加工外圆与端面 (2)切断刀用于分离工件已加工部分和夹持部分
2	斜导柱圆弧面	90°精车直角刀	90°精车直角刀的副偏角取 60°左右
3	斜导柱帽的斜面	粗砂轮、细砂轮	先用粗砂轮粗加工，再用细砂轮精磨

六、工量具准备

针对不同的加工内容及工件形状，需采用不同的工量具完成工件装夹、定位、校正、测量等操作，请根据表 2－26 所列的加工内容及斜导柱的设计图，选用合适的工量具。

表 2－26　加工工量具选用表

序号	加工内容	选用工量具	备　注
1	回转体外形	三爪卡盘、划针盘、顶尖、铜垫片、游标卡尺、外径千分尺、钢直尺	斜导柱帽端面需进行磨削，工件不需要进行调头加工
2	斜导柱帽的斜面	V 形块、机用虎钳、万能角度尺	斜导柱的夹持应采用 V 形块进行辅助

2.3.3　计划与实施

运用所学的加工知识，参照斜导柱设计图(图 2－22)，分析斜导柱的加工工艺，并把分析结果按工序填入零件加工工艺单(表 2－27)。

表 2-27　零件加工工艺单

序号	加工内容（包括装夹方式）	刀具规格	机床设备	主轴转速（r/min）	进给速度（mm/min）	背吃刀量（mm）	精加工余量（mm）	备　注
1	三爪卡盘装夹工件		普通车床					用划针盘校正工件，校正好后开启主轴旋转，观察毛坯圆跳动情况，如跳动较大，需停机继续校正
2	端面车削	90°直角刀	普通车床	200	50	0.5	0.3	（1）因毛坯伸出卡盘的部分较长，刚性较差，背吃刀量与进给速度应取较小，避免工件变形 （2）车刀安装时刀尖应保证与工件旋转轴线对齐，否则，将使车刀工作时的前角和后角发生改变，且无法完成端面的加工
3	ϕ13 外圆车削	90°直角刀	普通车床	粗加工：360 精加工：800	100	1	0.3	车外圆时的质量分析： （1）尺寸不正确：车削时粗心大意，看错尺寸；刻度盘计算错误或操作失误；测量时不仔细，方法不准确 （2）表面粗糙度不合要求：车刀刃磨角度不对；刀具安装不正确、刀具磨损或切削用量选择不当；车床各部分间隙过大
4	ϕ8 台阶外圆车削	90°直角刀	普通车床	粗加工：360 粗加工：800	100	1	0.3	车削台阶的方法与车削外圆基本相同，但在车削时应兼顾外圆直径和台阶长度两个方向的尺寸要求，还必须保证台阶平面与工件轴线的垂直度要求 台阶长度尺寸的控制方法： （1）台阶长度尺寸要求较低时可直接用大拖板刻度盘控制 （2）台阶长度可用钢直尺或样板确定位置。车削时，先用刀尖车出比台阶长度略短的刻痕作为加工界限，台阶的准确长度可用游标卡尺或深度游标卡尺测量

续表 2－27

序号	加工内容（包括装夹方式）	刀具规格	机床设备	主轴转速（r/min）	进给速度（mm/min）	背吃刀量（mm）	精加工余量（mm）	备　注
5	圆弧面车削	90°精车刀	普通车床	200	50			用手摇大拖板和中拖板的进给手柄，两手配合车削出圆弧的大致形状。然后用样板检验，修整不符合尺寸要求的地方，直至达到要求
6	工件切断	切断刀	普通车床	200	50	2	0.5	（1）切断工件一般采用左右借刀法，以避免切断刀崩刃 （2）切断刀刀尖必须与工件中心等高，否则切断处将剩有凸台，且刀头也容易损坏 （3）切断刀伸出刀架的长度不要过长，进给要缓慢均匀。将切断时，必须放慢进给速度，以免刀头折断
7	斜导柱帽斜面磨削	粗砂轮 细砂轮	普通磨床	1000	200	1	0.2	（1）用 V 形块辅助夹持斜导柱 （2）装夹斜导柱时，把斜导柱摆放成特定角度，使加工的斜面与水平面平行。校正时，可以已加工完成的斜导柱帽端面为基准，用万能角度尺辅助校正

2.3.4 评价反馈

一、零件检测

参照表 2－28 所列的斜导柱零件检测表，运用合适的工量具对完成加工的斜导柱进行精度检测，确定加工出来的斜导柱是否为合格零件。

表 2－28 斜导柱零件检测表

序号	检测项目	检测内容	配分	检测要求	学生自测		教师测评	
					自测	评分	检测	评分
1	长度	48mm	9	超差 0.02mm 扣 2 分				
2	外圆	ϕ8mm	9	超差 0.02mm 扣 2 分				
		ϕ13mm	9	超差 0.02mm 扣 2 分				
3	圆弧	R4mm	5	超差不得分				
4	斜面	6.4mm	9	超差 0.02mm 扣 2 分				
		20°	9	超差不得分				
5	表面粗糙度	R_a1.6μm	5	一处不合格扣 1 分，扣完为止				
6	倒角	未注倒角	5	不符合无分				
7	外形	工件完整性	5	漏加工一处扣 1 分				
8	时间	工件按时完成	5	未按时完成全扣				
9	加工工艺	加工工艺单	5	加工工艺单是否正确、规范				
		刀具及切削用量选择合理	5	刀具和切削用量不合理每项扣 1 分				
10	现场操作	安全操作	10	违反安全规程全扣				
		工量具使用	5	工量具使用错误一项扣 1 分				
		设备维护保养	5	未能正确保养全扣				
11	开始时间		结束时间		加工用时			
12	合计（总分）		100 分	机床编号		总得分		

二、学生自评

学生自评表中列出本次工作任务所涉及的主要知识点与技能，请参照表 2－29 进行评价与自我反思。

表 2－29 学生自评表

序号	知识点与技能	是否掌握	优缺点反思
1	普通车床车削圆弧面		
2	斜面磨削		

三、教师评价

项目三

细水口模具加工

一、细水口模具结构

图 3－1 为细水口模具的装配图，请参照此图及实物模型，识别各个模具零件，并确定各零件的材质、功用与数量，把结果填入细水口模具零件列表中。

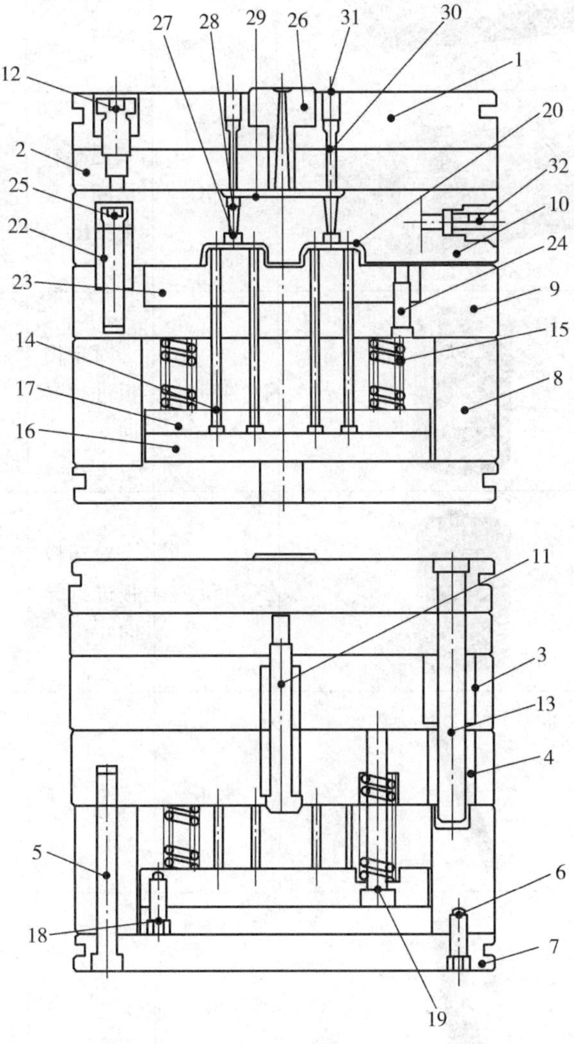

图 3－1　细水口模具装配图

表3－1　细水口模具零件列表

零件编号	零件名称	3D 图	材质	零件功用	数量	备　注
0		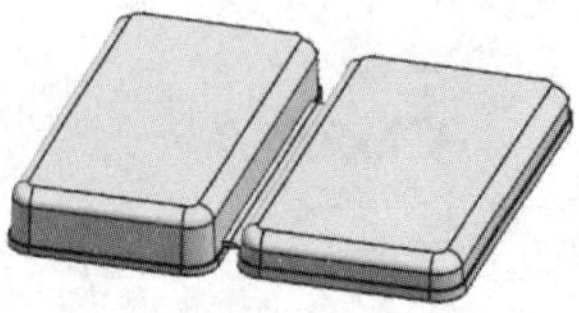	透明的LDPE，并且加少量的黄色LDPE专用色种料			
1		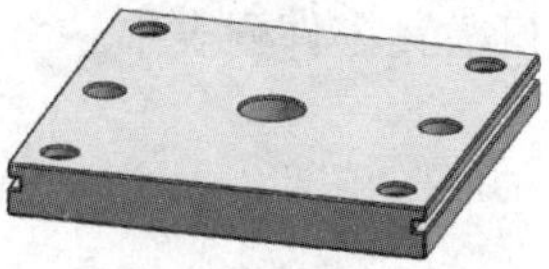	S50C			
2	水口板		S50C	把凝料从浇口套中拉出	1	
3	定模板导套		45#	对定模板进行导向	4	
4	动模板导套		45#	对动模板进行导向	4	
5			45#			
6			45#			

续表 3-1

零件编号	零件名称	3D 图	材质	零件功用	数量	备　注
7			S50C			
8			S50C			
9			S50C			
10			S50C	用于安装型腔	1	根据实际情况，有时会做成整体式，以增强强度
11		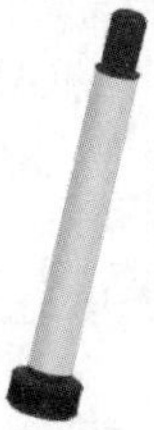	45#			
12			45#			

续表 3－1

零件编号	零件名称	3D 图	材质	零件功用	数量	备　注
13			GCr15			
14			SKD61			
15		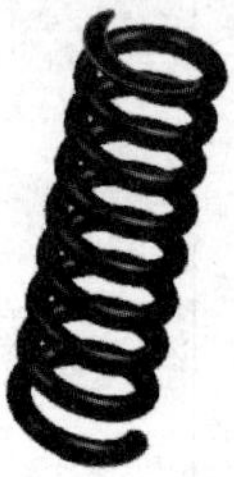	65Mn			
16		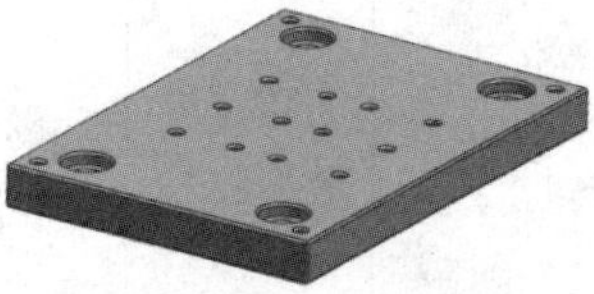	S50C			
17			S50C			
18			45#			

续表 3－1

零件编号	零件名称	3D 图	材质	零件功用	数量	备　注
19			T10A			
20			2738	用于成型产品的外表面	1	在装配图中与定模板成整体式
21			45#			
22	树脂开闭器(胶塞)		尼龙	控制开模顺序	2	在合模时使定模板和水口板率先闭合；在开模时，使定模板和动模板保持闭合状态
23			2738			
24			45#			

续表 3－1

零件编号	零件名称	3D 图	材质	零件功用	数量	备　注
25			45#			
26		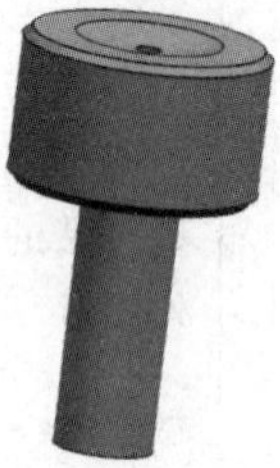	S45C			
27	点浇口		透明的LDPE，并且加少量的黄色LDPE专用色种料	分流道和型腔的通道	1	浇口的大小、形式和位置对产品的外观和质量影响巨大
28	分流道 2			用于连接浇口和主流道	2	分流道大小与塑料性质、流动长度、壁厚等因素有关
29	分流道 1				2	
30	拉料针		SKD61	用于把分流道勾住，使浇口切断	2	
31	螺塞（堵头）		STD	用于压紧固定拉料杆	2	
32		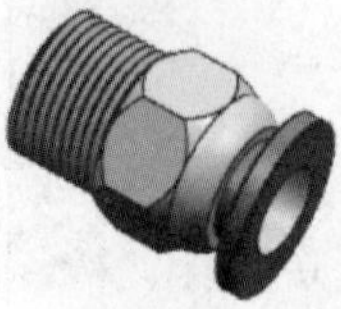	STD			

二、细水口模具工作原理

参照细水口模具装配图(图3-1)、零件列表(表3-1)及实物模型，分析细水口模具的工作原理，把分析结果写入下方横线中。

三、细水口模具装配说明

完成细水口模具的各零件加工后，请参照细水口模具装配图(图3-1)及装配流程表(表3-2)，完成模具的装配。

表3-2 细水口模具装配流程表

序号	零件编号	零件名称	实物图	使用工具	备 注
1	9	动模板		手工	取出动模板准备装配
2	4	动模板导套		铜棒	使用铜棒将动模板导套敲入动模板 

续表 3－2

序号	零件编号	零件名称	实物图	使用工具	备　注
3	23	型芯		胶锤或铜棒	把型芯装入动模板 
4	24	型芯固定螺钉		内六角扳手、套筒	使用内六角扳手把螺钉拧入型芯 
5	15	复位弹簧	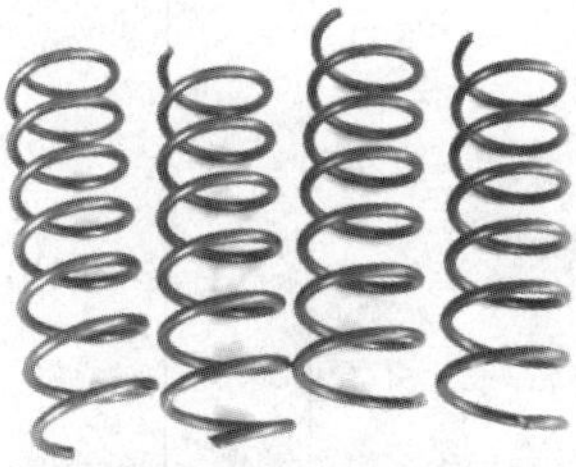	手工	把复位弹簧放入合适的位置 
6	16	顶针板		手工	把顶针板放置于复位弹簧上 

续表 3－2

序号	零件编号	零件名称	实物图	使用工具	备 注
7	19	复位杆		铜棒	使用铜棒把复位杆敲入顶针板 
8	14	顶杆		铜棒	使用铜棒把顶杆敲入顶针板 
9	17	顶针底板		手工	把顶针底板放置到合适位置 
10	18	顶出板固定螺钉		内六角扳手、套筒	

续表 3-2

序号	零件编号	零件名称	实物图	使用工具	备　注
11	8	模脚		手工	取出模脚准备装配
12	7	动模座板		手工	把动模座板放到模脚的合适位置 
13	6	模脚固定螺钉		内六角扳手、套筒	使用内六角扳手把螺钉旋入动模座板和模脚 
14	—	—		手工（吊环、通用手柄、钢丝绳、行车）	把步骤 10 完成的组装件和步骤 13 完成的组装件进行装配

续表 3－2

序号	零件编号	零件名称	实物图	使用工具	备　注
15	5	动模板固定螺钉		内六角扳手、套筒	把螺钉拧入动模板 
16	22、25	树脂开闭器、螺钉		内六角扳手	把尼龙胶塞放入动模板上对应的孔，然后拧入螺钉，动模部分安装完毕 
17	1	定模座板		手工	取出定模座板准备装配
18	13	导柱		铜棒	使用铜棒把导柱敲入定模座板 

续表 3－2

序号	零件编号	零件名称	实物图	使用工具	备 注
19	2	水口板		铜棒	使用铜棒把导柱敲入水口板 
20	12	限位螺钉		内六角扳手	把限位螺钉拧入水口板 
21	30	拉料针		铜棒	使用铜棒把拉料针敲入水口板 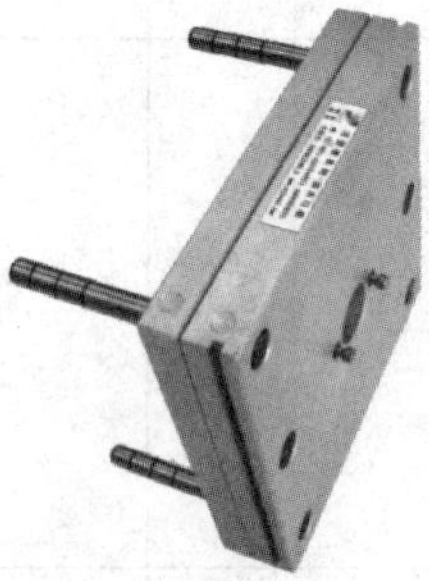
22	31	堵头		内六角扳手	把堵头拧入拉料针孔，压紧拉料针 

续表 3－2

序号	零件编号	零件名称	实物图	使用工具	备　注
23	26	浇口套		铜棒	把浇口套敲入定模座板 
24	10	定模板		手工	取出定模板准备装配
25	3	定模板导套		铜棒	把定模板导套敲入定模板 
26	—	—		铜棒	把步骤 23 完成的组件和步骤 25 完成的组件进行装配

续表 3－2

序号	零件编号	零件名称	实物图	使用工具	备　注
27	32	快速接头		活动扳手	把快速接头拧入定模板水路 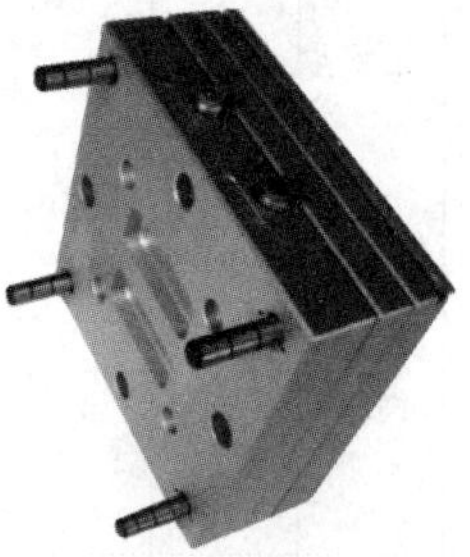
28	11	限位拉杆		内六角扳手、套筒	把限位拉杆拧入水口板，定模部分组装完成 
29	—	—		吊环、通用手柄、钢丝绳、行车、铜棒	把步骤 28 组装完成的定模部分装配到步骤 16 组装完成动模部分

任务一 动模板加工

图3－2所示为细水口模具动模板零件设计图，请根据此设计图分析动模板的加工工艺，编写加工工艺单，完成动模板的加工。并参照表3－3所示动模板检测表进行零件检测。

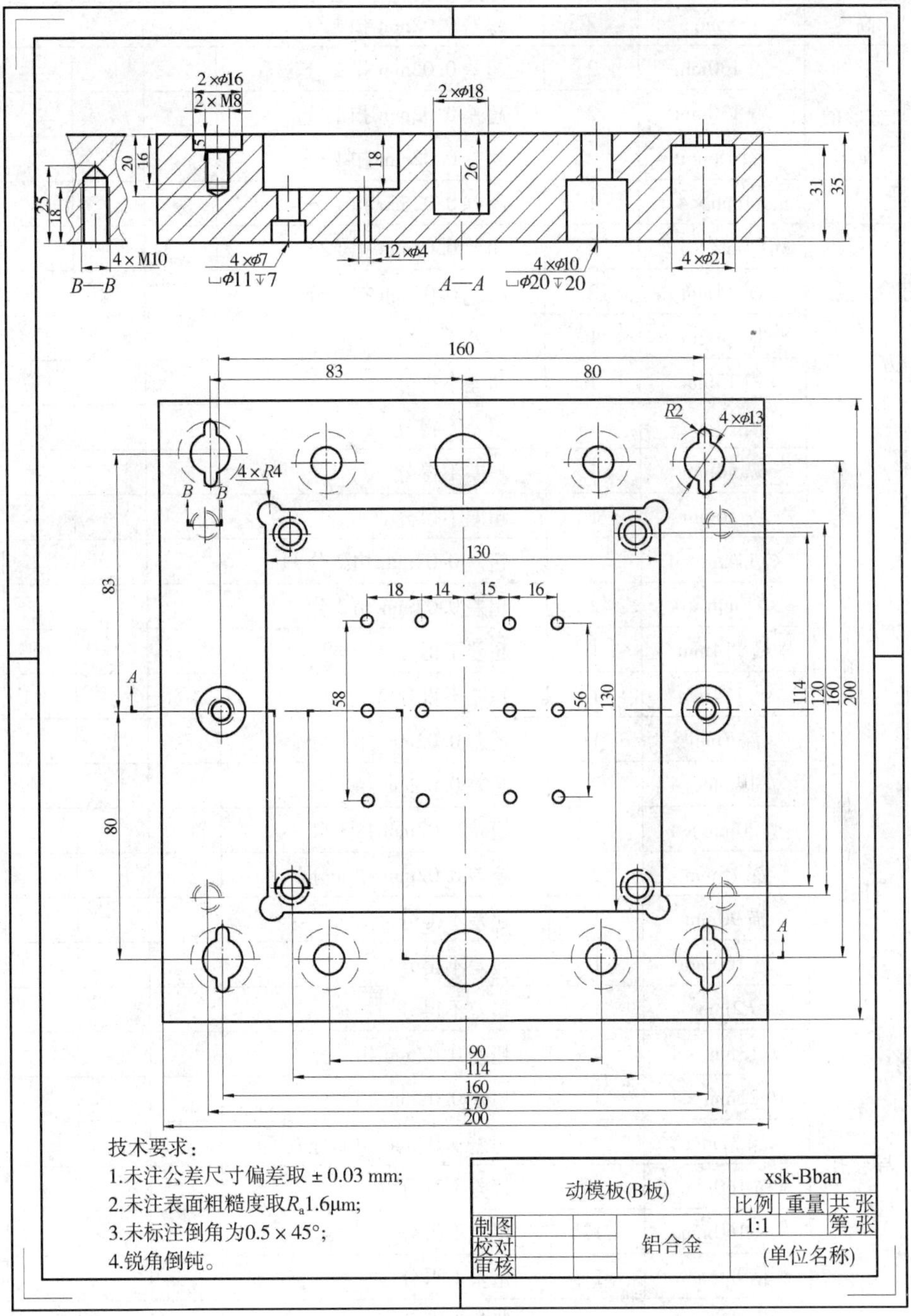

图3－2 动模板零件设计图

表 3－3　动模板检测表

序号	检测项目	检测内容	配分	检测要求	学生自测		教师测评	
					自测	评分	检测	评分
1	长度	200mm	2	超差 0.02mm 扣 1 分				
2	宽度	200mm	2	超差 0.02mm 扣 1 分				
3	高度	35mm	2	超差 0.02mm 扣 1 分				
4	方形槽轮廓	长 130mm	2	超差 0.02mm 扣 1 分				
		宽 130mm	2	超差 0.02mm 扣 1 分				
		深 18mm	2	超差 0.02mm 扣 1 分				
		R4mm × 4	1	超差 0.02mm 扣 1 分				
5	方形槽顶针通孔	ϕ4mm × 12	2	超差 0.02mm 扣 1 分				
		横 14mm	2	超差 0.02mm 扣 1 分				
		横 18mm	1	超差不得分				
		横 15mm	1	超差不得分				
		横 16mm	1	超差不得分				
		纵 58mm	1	超差不得分				
		纵 56mm	1	超差不得分				
6	方形槽沉头孔	ϕ11mm × 4	2	超差 0.02mm 扣 2 分				
		ϕ7mm × 4	2	超差 0.02mm 扣 2 分				
		横 114mm	1	超差不得分				
		纵 114mm	1	超差不得分				
		深 7mm	1	超差 0.02mm 扣 2 分				
7	复位杆孔	ϕ10mm × 4	2	超差 0.02mm 扣 1 分				
		ϕ20mm × 4	2	超差 0.02mm 扣 1 分				
		深 15mm	2	超差 0.02mm 扣 1 分				
		横 90mm	1	超差不得分				
		纵 160mm	1	超差不得分				
8	导套孔	R2mm	1	超差不得分				
		ϕ13mm × 4	2	超差 0.02mm 扣 1 分				
		ϕ21mm × 4	1	超差 0.02mm 扣 1 分				
		深 31mm	2	超差 0.02mm 扣 1 分				
		横 160mm	1	超差不得分				
		纵 160mm	1	超差不得分				
		横 83mm	1	超差不得分				
		纵 83mm	1	超差不得分				

续表 3-3

序号	检测项目	检测内容	配分	检测要求	学生自测		教师测评	
					自测	评分	检测	评分
9	避空盲孔	ϕ18mm×2	2	超差0.02mm扣1分				
		深26mm	2	超差0.02mm扣1分				
		160mm	1	超差不得分				
10	胶塞螺丝孔	ϕ16mm×2	2	超差0.02mm扣1分				
		M5×2	1	超差0.02mm扣1分				
		160mm	1	超差不得分				
		深5mm	1	超差0.02mm扣1分				
		深16mm	1	超差不得分				
		深20mm	1	超差不得分				
11	螺纹孔	M10	1	超差0.02mm扣2分				
		25mm	1	超差不得分				
		18mm	1	超差不得分				
		170mm	1	超差不得分				
		120mm	1	超差不得分				
12	表面粗糙度	R_a1.6μm	1	一处不合格扣1分，扣完为止				
13	倒角	未注倒角	1	不符合无分				
14	外形	工件完整性	2	漏加工一处扣1分				
15	时间	工件按时完成	2	未按时完成全扣				
16	加工工艺	加工工艺单	5	加工工艺单是否正确、规范				
		刀具及切削用量选择合理	5	刀具和切削用量不合理每项扣1分				
17	现场操作	安全操作	10	违反安全规程全扣				
		工量具使用	5	工量具使用错误一项扣1分				
		设备维护保养	5	未能正确保养全扣				
18	开始时间		结束时间		加工用时			
19	合计(总分)		100分	机床编号		总得分		

任务二　型腔（A板）加工

图3－3所示为细水口模具型腔(A板)零件设计图，请根据此设计图分析型腔(A板)的加工工艺，编写加工工艺单，完成型腔(A板)的加工。并参照表3－4所示型腔(A板)检测表进行零件检测。

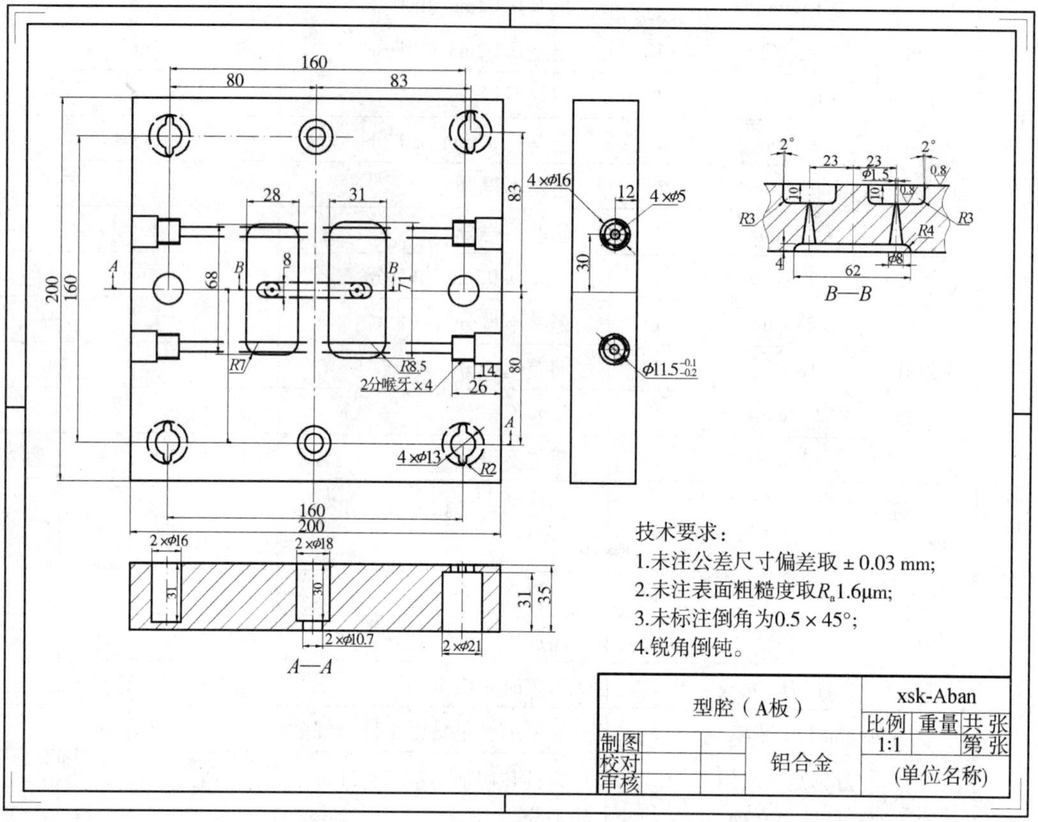

图3－3　型腔(A板)零件设计图

表 3－4 型腔(A 板)检测表

序号	检测项目	检测内容	配分	检测要求	学生自测		教师测评	
					自测	评分	检测	评分
1	长度	200mm	2	超差 0.02mm 扣 1 分				
2	宽度	200mm	2	超差 0.02mm 扣 1 分				
3	高度	35mm	2	超差 0.02mm 扣 1 分				
4	导套安装孔	ϕ21mm×4	2	超差 0.02mm 扣 2 分				
		ϕ13mm×4	2	超差 0.02mm 扣 2 分				
		深 31mm	1	超差 0.02mm 扣 1 分				
		横 83mm	1	超差不得分				
		纵 83mm	1	超差不得分				
		横 80mm	1	超差不得分				
		纵 80mm	1	超差不得分				
		R2mm	1	超差不得分				
5	凹模外形(大)	31mm	2	超差 0.02mm 扣 1 分				
		71mm	2	超差 0.02mm 扣 1 分				
		深 10mm	2	超差 0.02mm 扣 1 分				
		2°	1	超差不得分				
		R3mm	1	超差不得分				
6	凹模外形(小)	68mm	2	超差 0.02mm 扣 1 分				
		28mm	2	超差 0.02mm 扣 1 分				
		R3mm	1	超差不得分				
		深 10mm	2	超差 0.02mm 扣 1 分				
		2°	1	超差不得分				
7	浇注流道	62mm	2	超差 0.02mm 扣 1 分				
		R4mm	1	超差不得分				
		深 4mm	1	超差 0.02mm 扣 1 分				
		8mm	1	超差 0.02mm 扣 1 分				
		ϕ8mm×2	1	超差不得分				
		ϕ1.5mm×2	1	超差不得分				

续表 3－4

序号	检测项目	检测内容	配分	检测要求	学生自测		教师测评	
					自测	评分	检测	评分
8	冷却管道	ϕ16mm×4	1	超差0.02mm扣1分				
		ϕ5mm×4	1	超差0.02mm扣1分				
		2分喉牙×4	1	超差不得分				
		12mm	1	超差不得分				
		30mm	1	超差不得分				
		深14mm	1	超差0.02mm扣1分				
		深26mm	1	超差0.02mm扣1分				
9	限位沉头孔	ϕ18mm×2	2	超差0.02mm扣1分				
		ϕ10.7mm×2	2	超差0.02mm扣1分				
		深30mm	2	超差0.02mm扣1分				
		160mm	1	超差不得分				
10	胶塞盲孔	ϕ16mm×2	2	超差0.02mm扣1分				
		深31mm	1	超差0.02mm扣1分				
		160mm	1	超差不得分				
11	表面粗糙度	$R_a0.8\mu m\times2$	4	不符合无分				
		$R_a1.6\mu m$	1	一处不合格扣1分，扣完为止				
12	倒角	未注倒角	2	不符合无分				
13	外形	工件完整性	2	漏加工一处扣1分				
14	时间	工件按时完成	2	未按时完成全扣				
15	加工工艺	加工工艺单	5	加工工艺单是否正确、规范				
		刀具及切削用量选择合理	5	刀具和切削用量不合理每项扣1分				
16	现场操作	安全操作	10	违反安全规程全扣				
		工量具使用	5	工量具使用错误一项扣1分				
		设备维护保养	5	未能正确保养全扣				
17	开始时间		结束时间		加工用时			
18	合计(总分)		100分	机床编号		总得分		

任务三 定模面板加工

图 3 - 4 所示为细水口模具定模面板零件设计图，请根据此设计图分析定模面板的加工工艺，编写加工工艺单，完成定模面板的加工。并参照表 3 - 5 定模面板检测表进行零件检测。

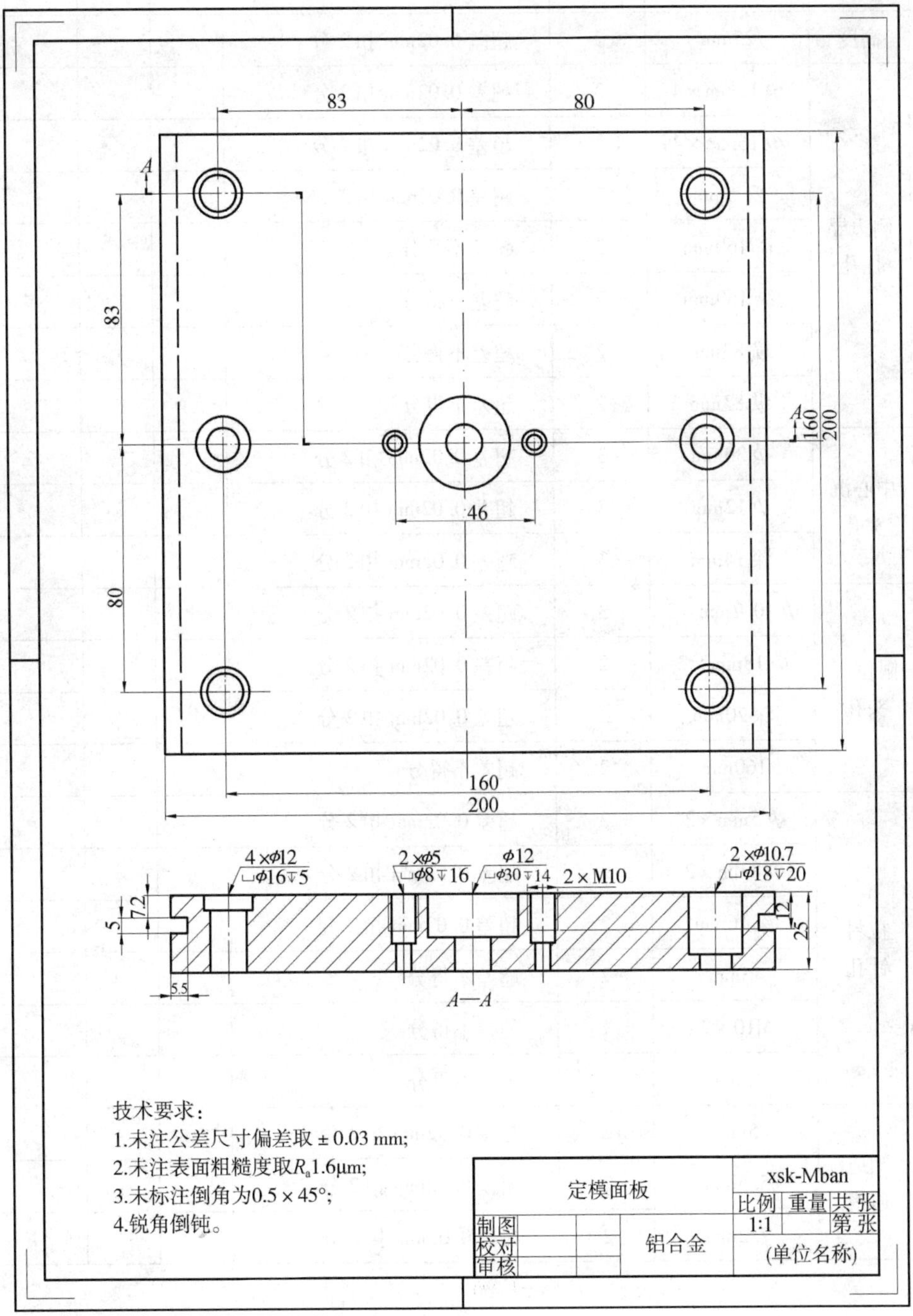

图 3 - 4 定模面板零件设计图

表3－5　定模面板检测表

序号	检测项目	检测内容	配分	检测要求	学生自测		教师测评	
					自测	评分	检测	评分
1	长度	200mm	2	超差0.02mm扣2分				
2	宽度	200mm	2	超差0.02mm扣2分				
3	高度	25mm	2	超差0.02mm扣2分				
4	侧边导柱孔	ϕ12mm×4	3	超差0.02mm扣2分				
		ϕ16mm×4	3	超差0.02mm扣2分				
		深5mm	3	超差0.02mm扣2分				
		横160mm	2	超差不得分				
		纵160mm	2	超差不得分				
		横83mm	2	超差不得分				
		纵83mm	2	超差不得分				
5	中心沉头孔	ϕ30mm	3	超差0.02mm扣2分				
		ϕ12mm	3	超差0.02mm扣2分				
		深14mm	3	超差0.02mm扣2分				
6	限位沉头孔	ϕ10.7mm×2	3	超差0.02mm扣2分				
		ϕ18mm×2	2	超差0.02mm扣2分				
		深20mm	3	超差0.02mm扣2分				
		160mm	2	超差不得分				
7	拉料针孔	ϕ5mm×2	2	超差0.02mm扣2分				
		ϕ8mm×2	2	超差0.02mm扣2分				
		深16mm	2	超差0.02mm扣2分				
		46mm	2	超差不得分				
		M10×2	1	超差不得分				
		12mm	1	超差不得分				
8	侧边通槽	5mm	2	超差0.02mm扣2分				
		5.5mm	2	超差0.02mm扣2分				
		7.2mm	2	超差0.02mm扣2分				

续表 3 - 5

序号	检测项目	检测内容	配分	检测要求	学生自测		教师测评	
					自测	评分	检测	评分
9	表面粗糙度	R_a1. 6μm	2	一处不合格扣 1 分，扣完为止				
10	倒角	未注倒角	2	不符合无分				
11	外形	工件完整性	5	漏加工一处扣 1 分				
12	时间	工件按时完成	3	未按时完成全扣				
13	加工工艺	加工工艺单	5	加工工艺单是否正确、规范				
		刀具及切削用量选择合理	5	刀具和切削用量不合理每项扣 1 分				
14	现场操作	安全操作	10	违反安全规程全扣				
		工量具使用	5	工量具使用错误一项扣 1 分				
		设备维护保养	5	未能正确保养全扣				
15	开始时间		结束时间		加工用时			
16	合计(总分)		100 分	机床编号		总得分		

任务四　动模底板加工

图 3－5 所示为细水口模具动模底板零件设计图，请根据此设计图分析动模底板的加工工艺，编写加工工艺单，完成动模底板的加工。并参照表 3－6 动模底板检测表进行零件检测。

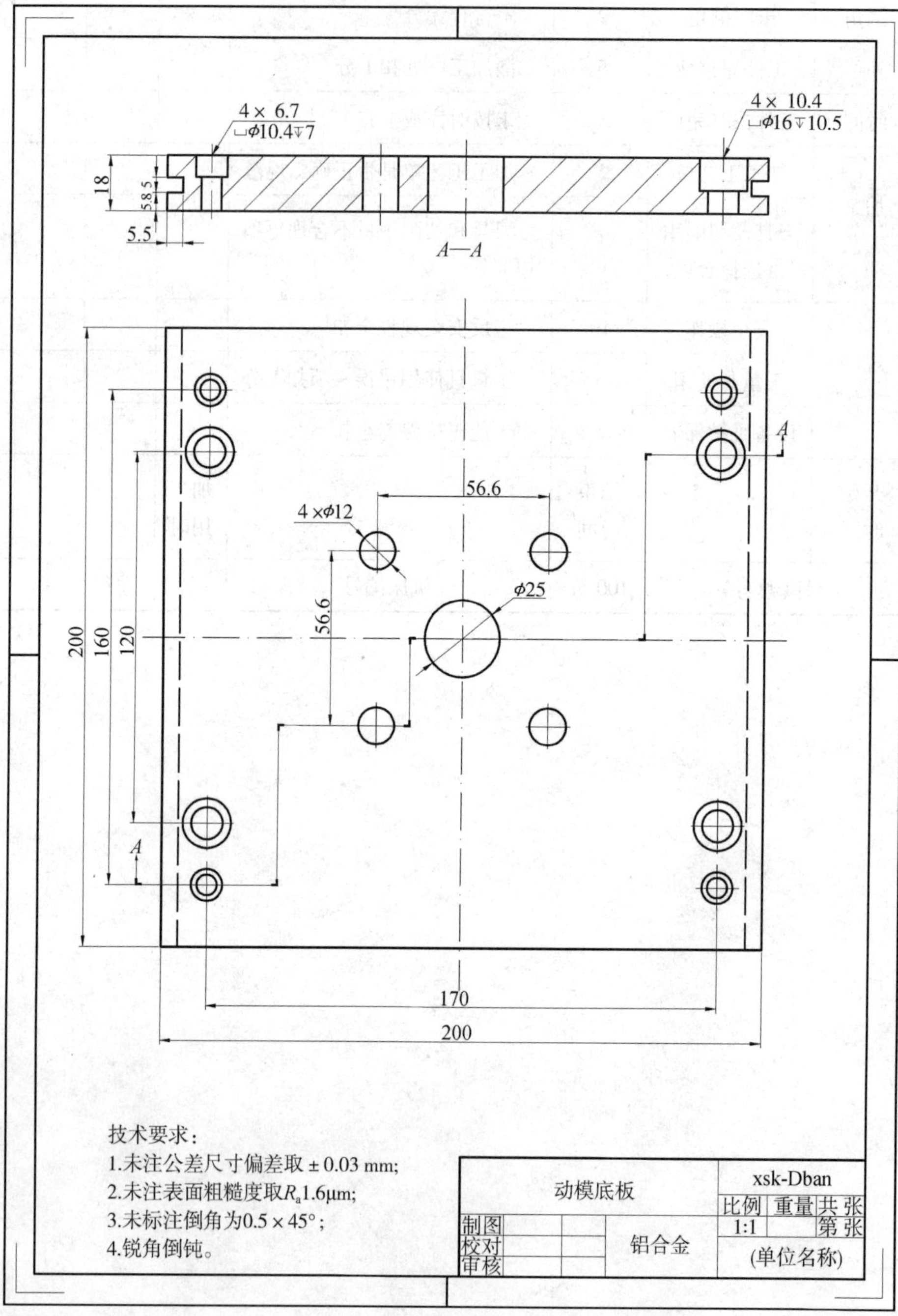

图 3－5　动模底板零件设计图

表 3－6　动模底板检测表

序号	检测项目	检测内容	配分	检测要求	学生自测		教师测评	
					自测	评分	检测	评分
1	长度	200mm	4	超差 0.02mm 扣 2 分				
2	宽度	200mm	4	超差 0.02mm 扣 2 分				
3	高度	18mm	4	超差 0.02mm 扣 2 分				
4	侧边沉头孔	ϕ10.4mm×4	4	超差 0.02mm 扣 2 分				
		ϕ6.7mm×4	4	超差 0.02mm 扣 2 分				
		ϕ16mm×4	4	超差 0.02mm 扣 2 分				
		ϕ10.4mm×4	4	超差 0.02mm 扣 2 分				
		170mm	2	超差不得分				
		160mm	2	超差不得分				
		170mm	2	超差不得分				
		120mm	2	超差不得分				
		深 7mm	3	超差 0.02mm 扣 2 分				
		深 10.5mm	3	超差 0.02mm 扣 2 分				
5	中心通孔	ϕ25mm	2	超差 0.02mm 扣 2 分				
		ϕ12mm×4	2	超差 0.02mm 扣 2 分				
		横 56.6mm	2	超差不得分				
		纵 56.6mm	2	超差不得分				
6	侧边通槽	5mm	2	超差 0.02mm 扣 2 分				
		5.5mm	2	超差 0.02mm 扣 2 分				
		7.2mm	2	超差 0.02mm 扣 2 分				
7	表面粗糙度	R_a1.6μm	2	一处不合格扣 1 分，扣完为止				
8	倒角	未注倒角	2	不符合无分				
9	外形	工件完整性	5	漏加工一处扣 1 分				
10	时间	工件按时完成	5	未按时完成全扣				
11	加工工艺	加工工艺单	5	加工工艺单是否正确、规范				
		刀具及切削用量选择合理	5	刀具和切削用量不合理每项扣 1 分				
12	现场操作	安全操作	10	违反安全规程全扣				
		工量具使用	5	工量具使用错误一项扣 1 分				
		设备维护保养	5	未能正确保养全扣				
13	开始时间		结束时间		加工用时			
14	合计(总分)		100 分	机床编号		总得分		

任务五　顶针底板加工

图 3－6 所示为细水口模具顶针底板零件设计图，请根据此设计图分析顶针底板的加工工艺，编写加工工艺单，完成顶针底板的加工。并参照表 3－7 顶针底板检测表进行零件检测。

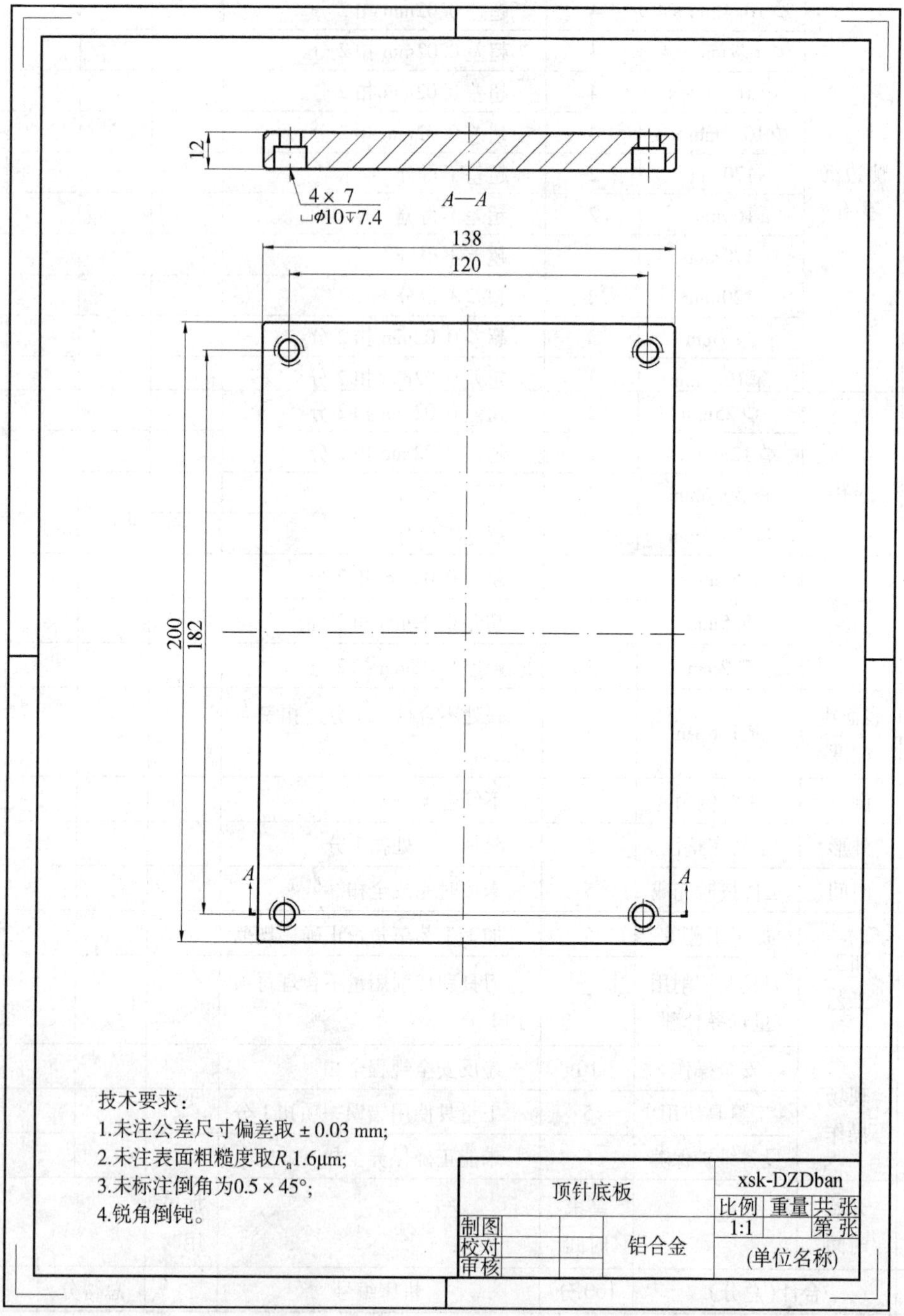

图 3－6　顶针底板零件设计图

表 3-7　顶针底板检测表

序号	检测项目	检测内容	配分	检测要求	学生自测		教师测评	
					自测	评分	检测	评分
1	长度	200mm	8	超差 0.02mm 扣 2 分				
2	宽度	138mm	8	超差 0.02mm 扣 2 分				
3	高度	12mm	8	超差 0.02mm 扣 2 分				
4	侧边沉头孔	ϕ10mm ×4	8	超差 0.02mm 扣 2 分				
		ϕ7mm ×4	8	超差 0.02mm 扣 2 分				
		182mm	4	超差 0.02mm 扣 2 分				
		120mm	4	超差 0.02mm 扣 2 分				
		深 7.4mm	4	超差 0.02mm 扣 2 分				
		50mm	4	超差 0.02mm 扣 2 分				
5	表面粗糙度	R_a1.6μm	4	一处不合格扣 1 分，扣完为止				
6	倒角	未注倒角	4	不符合无分				
7	外形	工件完整性	5	漏加工一处扣 1 分				
8	时间	工件按时完成	5	未按时完成全扣				
9	加工工艺	加工工艺单	5	加工工艺单是否正确、规范				
		刀具及切削用量选择合理	5	刀具和切削用量不合理每项扣 1 分				
10	现场操作	安全操作	10	违反安全规程全扣				
		工量具使用	5	工量具使用错误一项扣 1 分				
		设备维护保养	5	未能正确保养全扣				
11	开始时间		结束时间		加工用时			
12	合计(总分)		100 分	机床编号		总得分		

任务六　顶针板加工

图 3－7 所示为细水口模具顶针板零件设计图，请根据此设计图分析顶针板的加工工艺，编写加工工艺单，完成顶针板的加工。并参照表 3－8 所示顶针板检测表进行零件检测。

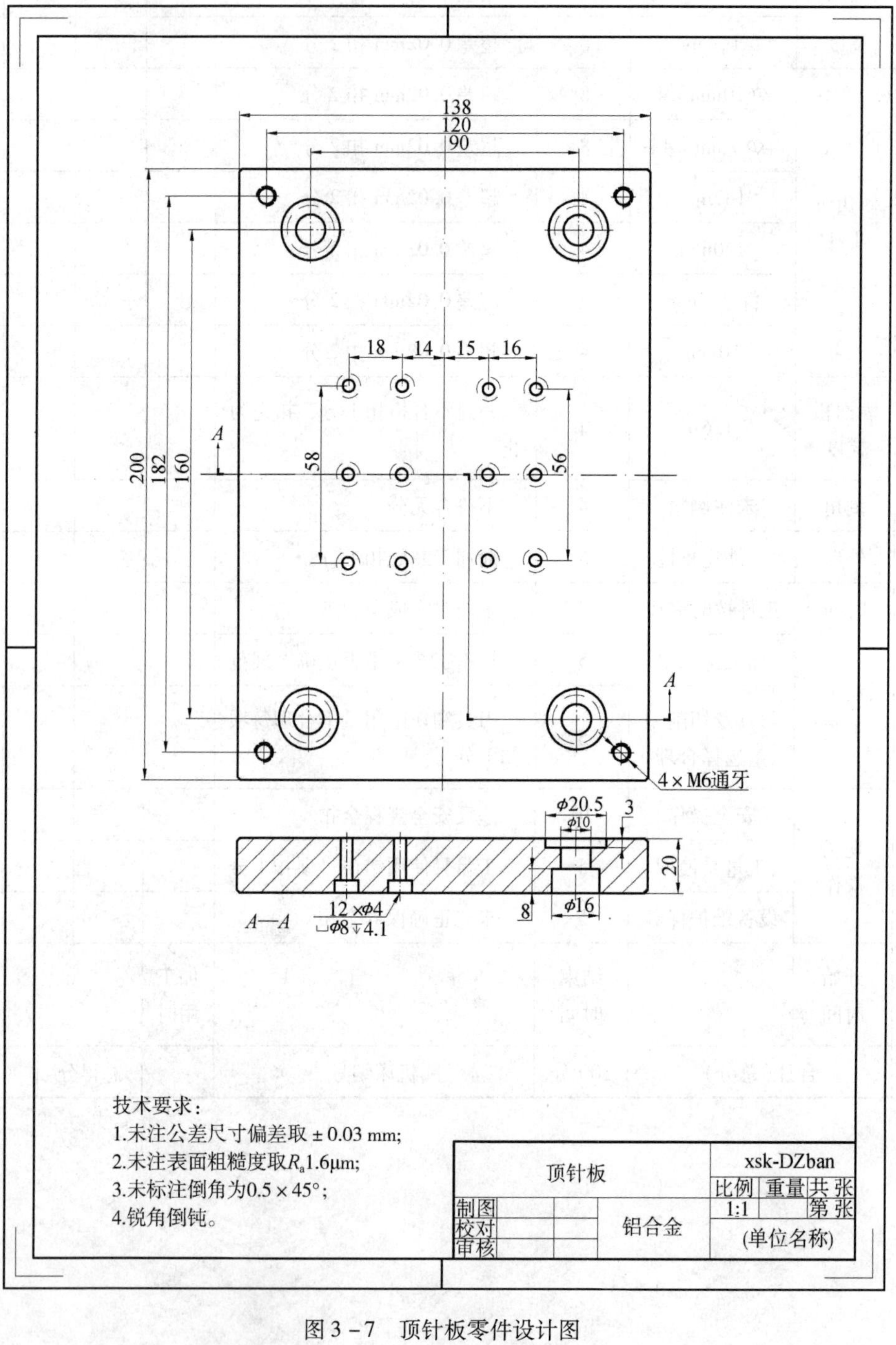

图 3－7　顶针板零件设计图

表 3-8 顶针板检测表

序号	检测项目	检测内容	配分	检测要求	学生自测		教师测评	
					自测	评分	检测	评分
1	长度	200mm	2	超差 0.02mm 扣 2 分				
2	宽度	138mm	2	超差 0.02mm 扣 2 分				
3	高度	20mm	2	超差 0.02mm 扣 2 分				
4	侧边沉头孔	ϕ16mm ×4	3	超差 0.02mm 扣 2 分				
		ϕ10mm ×4	3	超差 0.02mm 扣 2 分				
		ϕ20.5mm ×4	3	超差 0.02mm 扣 2 分				
		90mm	2	超差 0.02mm 扣 2 分				
		160mm	2	超差 0.02mm 扣 2 分				
		深 8mm	3	超差 0.02mm 扣 2 分				
		深 3mm	3	超差 0.02mm 扣 2 分				
5	螺纹孔	M6 ×4	2	超差 0.02mm 扣 2 分				
		120mm	2	超差 0.02mm 扣 2 分				
		182mm	2	超差 0.02mm 扣 2 分				
6	中部沉头孔	ϕ4mm ×12	3	超差 0.02mm 扣 2 分				
		ϕ8mm ×10	3	超差 0.02mm 扣 2 分				
		横 18mm	2	超差不得分				
		横 14mm	2	超差不得分				
		横 16mm	2	超差不得分				
		横 15mm	2	超差不得分				
		纵 58mm	2	超差不得分				
		纵 56mm	2	超差不得分				
		深 4.1mm	2	超差 0.02mm 扣 2 分				
7	表面粗糙度	R_a1.6μm	3	一处不合格扣 1 分，扣完为止				
8	倒角	未注倒角	3	不符合无分				
9	外形	工件完整性	5	漏加工一处扣 1 分				
10	时间	工件按时完成	5	未按时完成全扣				
11	加工工艺	加工工艺单	5	加工工艺单是否正确、规范				
		刀具及切削用量选择合理	5	刀具和切削用量不合理每项扣 1 分				
12	现场操作	安全操作	10	违反安全规程全扣				
		工量具使用	5	工量具使用错误一项扣 1 分				
		设备维护保养	5	未能正确保养全扣				
13	开始时间		结束时间		加工用时			
14	合计(总分)		100 分	机床编号		总得分		

任务七　型芯加工

图 3－8 所示为细水口模具型芯零件设计图，请根据此设计图分析型芯的加工工艺，编写加工工艺单，完成型芯的加工。参照表 3－9 型芯零件检测表进行零件检测。

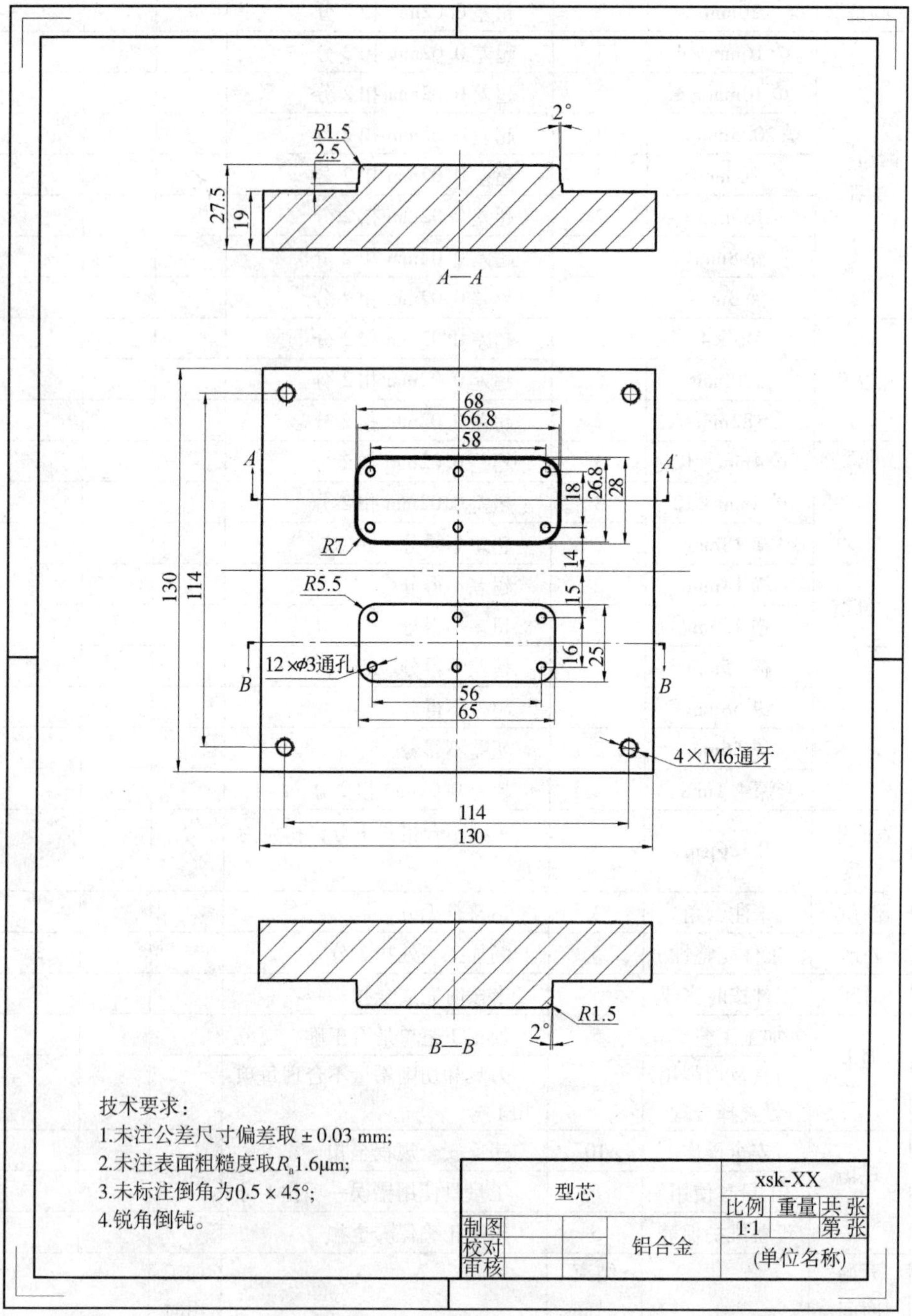

图 3－8　型芯零件设计图

表 3－9 型芯检测表

序号	检测项目	检测内容	配分	检测要求	学生自测		教师测评	
					自测	评分	检测	评分
1	长度	130mm	3	超差 0.02mm 扣 2 分				
2	宽度	130mm	3	超差 0.02mm 扣 2 分				
3	高度	27.5mm	3	超差 0.02mm 扣 2 分				
4	凸模外形（大）	68mm	3	超差 0.02mm 扣 2 分				
		28mm	3	超差 0.02mm 扣 2 分				
		66.8mm	3	超差 0.02mm 扣 2 分				
		26.8mm	3	超差 0.02mm 扣 2 分				
		19mm	4	超差 0.02mm 扣 2 分				
		2.5mm	3	超差 0.02mm 扣 2 分				
		*R*7mm	1	超差不得分				
		*R*1.5mm	1	超差不得分				
		2°	1	超差不得分				
5	凸模外形（小）	65mm	3	超差 0.02mm 扣 2 分				
		25mm	3	超差 0.02mm 扣 2 分				
		*R*5.5mm	1	超差不得分				
		*R*1.5mm	1	超差不得分				
		2°	1	超差不得分				
6	顶针通孔	ϕ3mm × 12	3	超差 0.02mm 扣 2 分				
		横 58mm	1	超差不得分				
		横 56mm	1	超差不得分				
		纵 18mm	1	超差不得分				
		纵 14mm	1	超差不得分				
		纵 16mm	1	超差不得分				
		纵 15mm	1	超差不得分				
7	螺纹通孔	M6 × 4	3	超差 0.02mm 扣 2 分				
		横 114mm	1	超差不得分				
		纵 114mm	1	超差不得分				

续表 3-9

序号	检测项目	检测内容	配分	检测要求	学生自测		教师测评	
					自测	评分	检测	评分
8	表面粗糙度	$R_a1.6\mu m$	3	一处不合格扣1分，扣完为止				
9	倒角	未注倒角	3	不符合无分				
10	外形	工件完整性	5	漏加工一处扣1分				
11	时间	工件按时完成	5	未按时完成全扣				
12	加工工艺	加工工艺单	5	加工工艺单是否正确、规范				
		刀具及切削用量选择合理	5	刀具和切削用量不合理每项扣1分				
13	现场操作	安全操作	10	违反安全规程全扣				
		工量具使用	5	工量具使用错误一项扣1分				
		设备维护保养	5	未能正确保养全扣				
14	开始时间		结束时间		加工用时			
15	合计(总分)		100分	机床编号		总得分		

任务八　水口板加工

图 3 – 9 所示为细水口模具水口板零件设计图，请根据此设计图分析水口板的加工工艺，编写加工工艺单，完成水口板的加工。参照表 3 – 10 所示水口板检测表进行零件检测。

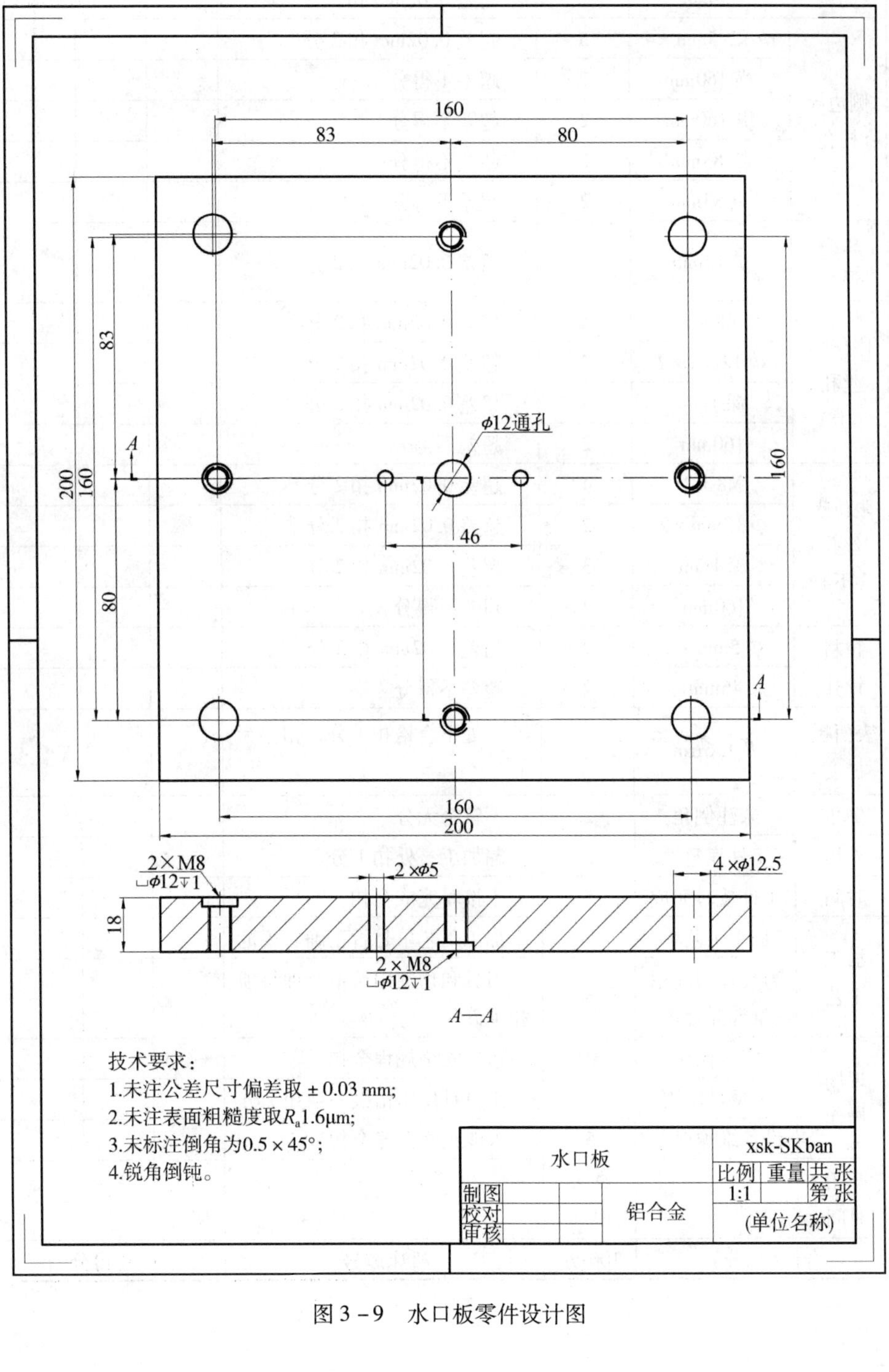

图 3 – 9　水口板零件设计图

表3－10　水口板检测表

序号	检测项目	检测内容	配分	检测要求	学生自测		教师测评	
					自测	评分	检测	评分
1	长度	200mm	4	超差0.02mm扣2分				
2	宽度	200mm	4	超差0.02mm扣2分				
3	高度	25mm	2	超差0.02mm扣2分				
4	侧边导柱孔	ϕ12.5mm×4	5	超差0.02mm扣2分				
		横160mm	2	超差不得分				
		纵160mm	2	超差不得分				
		横83mm	2	超差不得分				
		纵83mm	2	超差不得分				
5	中心通孔	ϕ12mm	5	超差0.02mm扣2分				
6	限位螺丝孔（上）	M8×2	4	超差0.02mm扣2分				
		ϕ12mm×2	2	超差0.02mm扣2分				
		深1mm	3	超差0.02mm扣2分				
		160mm	2	超差不得分				
7	限位螺丝孔（下）	M8×2	4	超差0.02mm扣2分				
		ϕ12mm×2	2	超差0.02mm扣2分				
		深1mm	3	超差0.02mm扣2分				
		160mm	2	超差不得分				
8	拉料针孔	ϕ5mm×2	2	超差0.02mm扣2分				
		46mm	2	超差不得分				
9	表面粗糙度	R_a1.6μm	2	一处不合格扣1分，扣完为止				
10	倒角	未注倒角	2	不符合无分				
11	外形	工件完整性	5	漏加工一处扣1分				
12	时间	工件按时完成	5	未按时完成全扣				
13	加工工艺	加工工艺单	5	加工工艺单是否正确、规范				
		刀具及切削用量选择合理	5	刀具和切削用量不合理每项扣1分				
14	现场操作	安全操作	10	违反安全规程全扣				
		工量具使用	5	工量具使用错误一项扣1分				
		设备维护保养	5	未能正确保养全扣				
15	开始时间		结束时间		加工用时			
16	合计（总分）		100分	机床编号		总得分		

任务九　模脚 01 加工

图 3－10 所示为细水口模具模脚 01 零件设计图，请根据此设计图分析模脚 01 的加工工艺，编写加工工艺单，完成模脚 01 的加工。参照表 3－11 模脚 01 零件检测表进行零件检测。

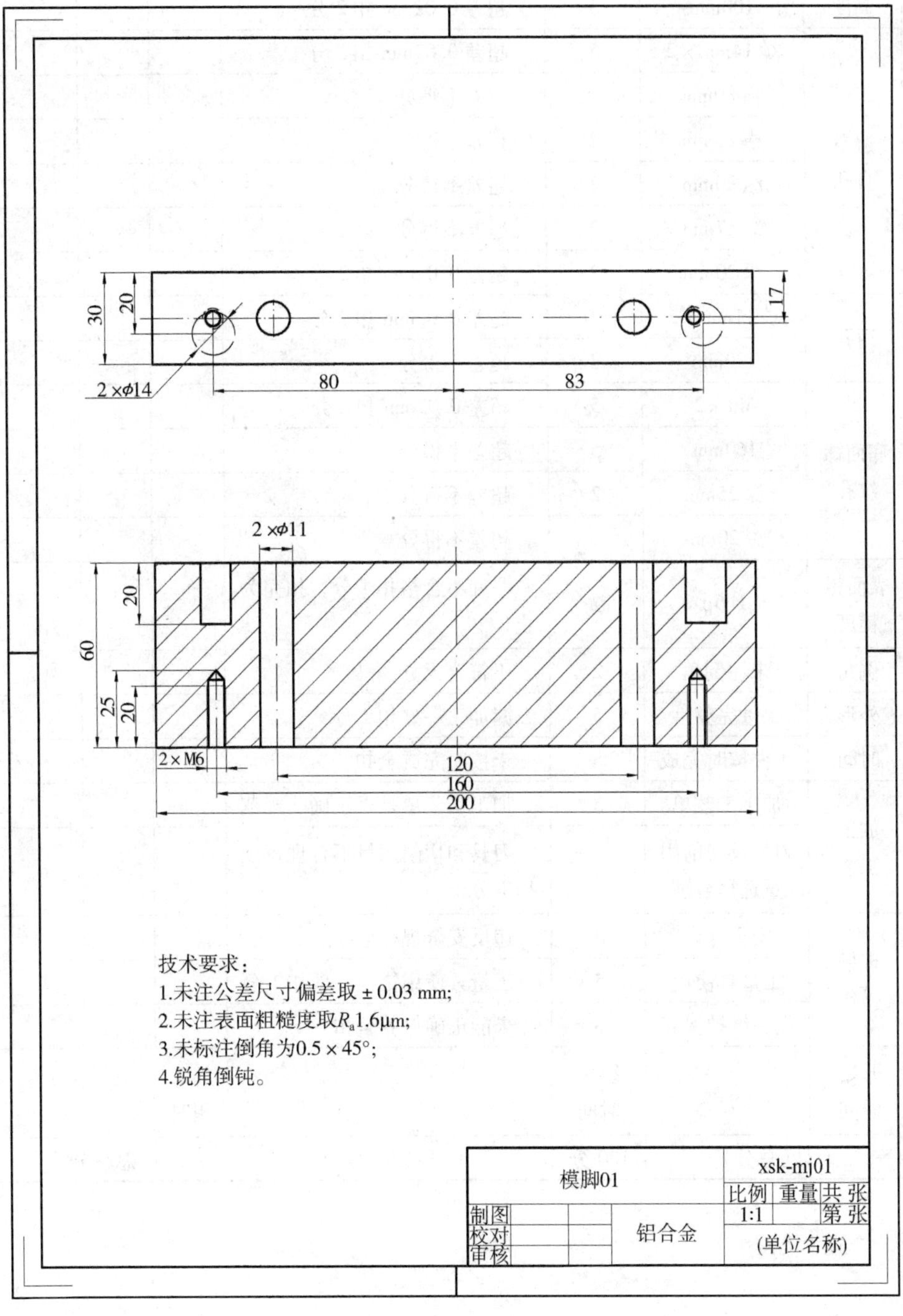

图 3－10　模脚 01 零件设计图

表 3－11 模脚 01 零件检测表

序号	检测项目	检测内容	配分	检测要求	学生自测		教师测评	
					自测	评分	检测	评分
1	长度	200mm	5	超差 0.02mm 扣 2 分				
2	宽度	30mm	5	超差 0.02mm 扣 2 分				
3	高度	100mm	5	超差 0.02mm 扣 2 分				
4	避空盲孔	ϕ 14mm × 2	5	超差 0.02mm 扣 2 分				
		横 80mm	2	超差不得分				
		横 83mm	2	超差不得分				
		纵 20mm	2	超差不得分				
		纵 17mm	2	超差不得分				
		深 20mm	2	超差 0.02mm 扣 2 分				
5	通孔	ϕ 11mm × 2	10	超差 0.02mm 扣 2 分				
		120mm	2	超差不得分				
6	底面螺纹孔	M6 × 2	5	超差 0.02mm 扣 2 分				
		160mm	5	超差不得分				
		深 25mm	2	超差不得分				
		深 20mm	2	超差不得分				
7	表面粗糙度	R_a1.6μm	2	一处不合格扣 1 分，扣完为止				
8	倒角	未注倒角	2	不符合无分				
9	外形	工件完整性	5	漏加工一处扣 1 分				
10	时间	工件按时完成	5	未按时完成全扣				
11	加工工艺	加工工艺单	5	加工工艺单是否正确、规范				
		刀具及切削用量选择合理	5	刀具和切削用量不合理每项扣 1 分				
12	现场操作	安全操作	10	违反安全规程全扣				
		工量具使用	5	工量具使用错误一项扣 1 分				
		设备维护保养	5	未能正确保养全扣				
13	开始时间		结束时间		加工用时			
14	合计(总分)		100 分	机床编号		总得分		

任务十 模脚02加工

图3－11所示为细水口模具模脚02零件设计图，请根据此设计图分析模脚02的加工工艺，编写加工工艺单，完成模脚02的加工。参照表3－12所示模脚02检测表进行零件检测。

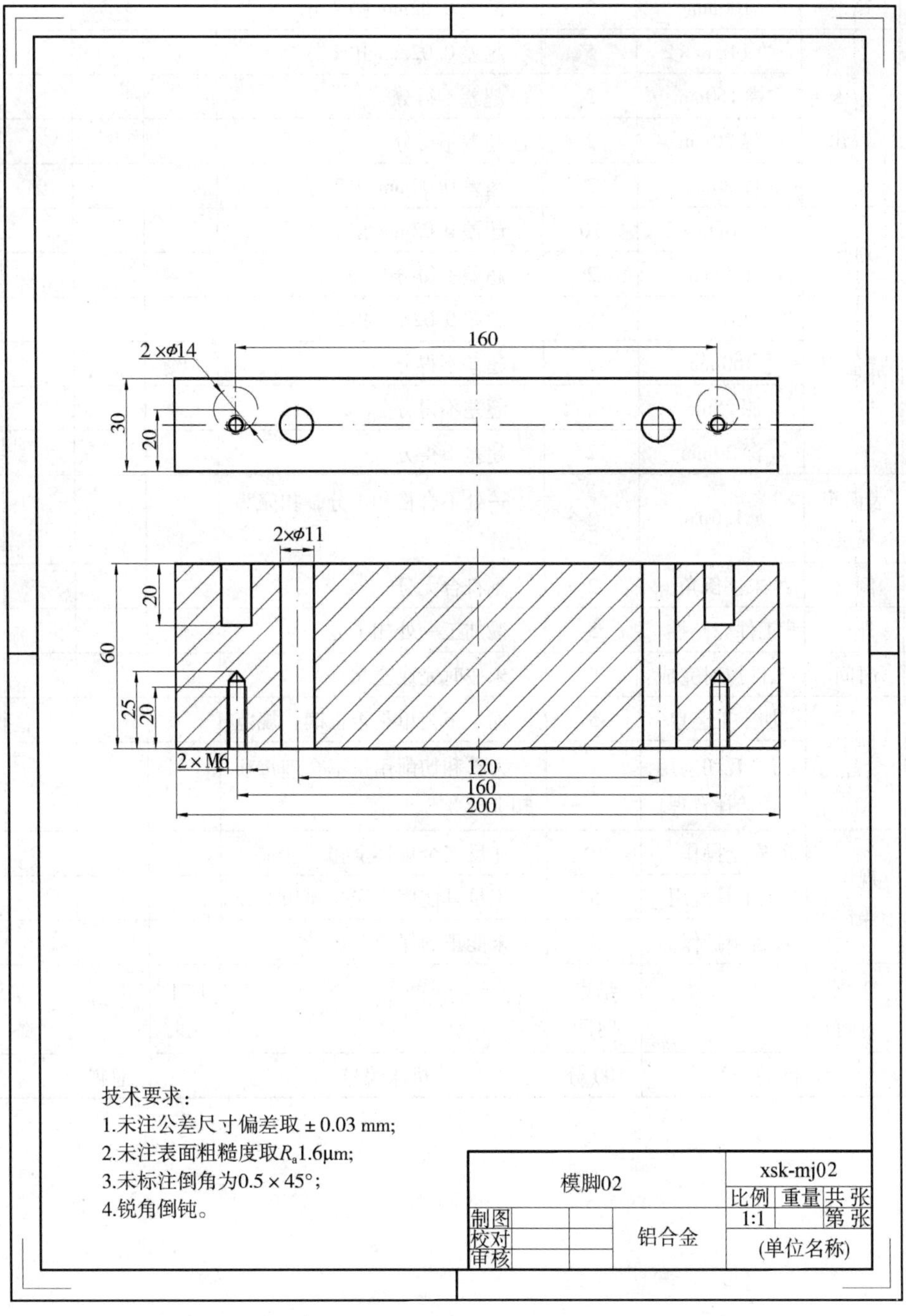

图3－11 模脚02零件设计图

表 3－12　模脚 02 检测表

序号	检测项目	检测内容	配分	检测要求	学生自测		教师测评	
					自测	评分	检测	评分
1	长度	200mm	5	超差 0.02mm 扣 2 分				
2	宽度	30mm	5	超差 0.02mm 扣 2 分				
3	高度	100mm	5	超差 0.02mm 扣 2 分				
4	避空盲孔	ϕ 14mm ×2	5	超差 0.02mm 扣 2 分				
		横 160mm	2	超差不得分				
		纵 20mm	2	超差不得分				
		深 20mm	2	超差 0.02mm 扣 2 分				
5	通孔	ϕ 11mm ×2	10	超差 0.02mm 扣 2 分				
		120mm	2	超差不得分				
6	底面螺纹孔	M6 ×2	5	超差 0.02mm 扣 2 分				
		160mm	5	超差不得分				
		深 25mm	2	超差不得分				
		深 20mm	2	超差不得分				
7	表面粗糙度	$R_a 1.6\mu m$	2	一处不合格扣 1 分，扣完为止				
8	倒角	未注倒角	2	不符合无分				
9	外形	工件完整性	5	漏加工一处扣 1 分				
10	时间	工件按时完成	5	未按时完成全扣				
11	加工工艺	加工工艺单	5	加工工艺单是否正确、规范				
		刀具及切削用量选择合理	5	刀具和切削用量不合理每项扣 1 分				
12	现场操作	安全操作	10	违反安全规程全扣				
		工量具使用	5	工量具使用错误一项扣 1 分				
		设备维护保养	5	未能正确保养全扣				
13	开始时间		结束时间		加工用时			
14	合计(总分)		100 分	机床编号		总得分		

参考文献

[1]柳燕君，杨善义．模具制造技术[M]．北京：高等教育出版社，2002.

[2]张信群．塑料成型工艺与模具结构[M]．2 版．北京：人民邮电出版社，2010.

[3]潘光华，王吉连．数控铣削编程与加工[M]．北京：中国劳动社会保障出版社，2012.

[4]齐卫东．塑料模具设计与制造[M]．北京：高等教育出版社，2004.

[5]王孝培．塑料成型工艺及模具简明手册[M]．北京：机械工业出版社，2000.

[6]王公安．车工工艺学[M]．4 版．北京：中国劳动社会保障出版社，2005.

[7]姜波．钳工工艺学[M]．4 版．北京：中国劳动社会保障出版社，2005.

[8]陈家芳．实用金属切削加工工艺手册[M]．2 版．上海：上海科学技术出版社，2005.